BIEN SE PRÉPARER
à l'examen d'entrée
au secondaire

Mathématique + Habiletés logiques + Culture générale

Pierrette Tranquille
Françoise Tchou

marceldidier

Catalogage avant publication de Bibliothèque et Archives nationales du Québec et Bibliothèque et Archives Canada

Tranquille, Pierrette

Bien se préparer à l'examen d'entrée au secondaire : mathématique : habiletés logiques : culture générale

Pour les élèves du niveau primaire.

ISBN 978-2-89144-398-2

1. Mathématiques – Examens. 2. Écoles secondaires – Québec (Province) – Examens d'entrée – Guides de l'étudiant. 3. Écoles internationales – Québec (Province) – Examens d'entrée – Guides de l'étudiant. 4. Écoles privées – Québec (Province) – Examens d'entrée – Guides de l'étudiant. I. Tchou, Françoise. II. Brindamour, Michel. III. Titre.

QA43.T72 2005 510'.76 C2005-941515-0

Ouvrage conçu et dirigé par Michel Brindamour
Révision linguistique : Christine Barozzi
Conception graphique et réalisation, intérieur : Interscript
Conception et réalisation, couverture : Éric Robillard (Kinos)
Illustrations : Franfou
Responsable éditoriale : Corinne Audinet

Marcel Didier inc. 1815, avenue De Lorimier,
Montréal (Québec) H2K 3W6 Canada
Téléphone : 514 523-1523
Télécopieur : 514 523-9969
www.marcel**didier**.com

Distribution Canada : Distribution HMH • www.distributionhmh.com
Distribution France : Librairie du Québec/DNM • www.librairieduquebec.fr

Nous reconnaissons l'aide financière du gouvernement du Canada par l'entremise du Programme d'aide au développement de l'industrie de l'édition (PADIÉ) pour nos activités d'édition.

ISBN 978-2-89144-398-2

Dépôt légal – 3e trimestre 2005
Bibliothèque et Archives nationales du Québec
Bibliothèque et Archives Canada

Réimprimé au Canada, en janvier 2022, sur les presses de l'imprimerie Marquis-Livre, Montmagny
Imprimé sur du papier québécois 100% recyclé

www.editions**md**.com

Sommaire

Les 10 questions le plus souvent posées par les parents

1. **Est-ce une bonne chose que l'enfant se présente à plusieurs écoles, donc à plusieurs examens d'admission ?**

   Pour des élèves qui réussissent bien à l'école, ce n'est certainement pas nécessaire. Cependant, pour les élèves qui ne sont pas habitués à passer des examens, ceux qui viennent du secteur alternatif, par exemple, cela peut être un excellent exercice pour se familiariser avec des examens, avec ce genre d'examen et ces types de questions.

2. **Est-ce seulement le profil intellectuel de l'enfant qui intéresse les écoles ?**

   Il existe des écoles qui recherchent un profil particulier chez les candidats (sportif, artistique ou autre), mais en général, c'est le profil intellectuel de l'enfant qui est évalué.

3. **Quelles matières sont évaluées dans les examens d'admission ?**

   Pour les écoles francophones, le français est un élément très important. Ainsi, toutes les écoles demandent une production écrite. Mais la plupart des écoles ajoutent à la production écrite un examen objectif – c'est-à-dire à choix de réponses – qui comporte quatre volets : français, mathématique, culture générale et habiletés logiques (parfois appelées aptitudes à poursuivre des études secondaires).

4. **L'examen porte-t-il sur le programme de 5e année ou de 6e année ?**

   Les examens d'admission ont lieu généralement pendant l'automne, quand les élèves commencent leur 6e année. Ils portent donc sur le programme de 5e année du ministère de l'Éducation du Québec.

5. **Comment améliorer la rapidité de mon enfant à répondre à des centaines de questions en peu de temps ?**

   N'exagérons pas l'importance de la rapidité. Un élève qui, sur 100 questions, répond à 60 questions, et qui en a 55 bonnes, sera probablement mieux noté qu'un élève qui répond à toutes les questions, et qui en a, lui aussi, 55 bonnes. Cela dit, en chronométrant l'examen, les écoles veulent tout simplement savoir si l'enfant est capable de suivre le groupe avec lequel il sera appelé à poursuivre ses études secondaires. La première consigne à suivre à l'examen est celle-ci : travaille bien, mais travaille plutôt rapidement. Un seul conseil à donner à son enfant pour être plus rapide : si tu ne connais pas la réponse à une question, passe tout de suite à la suivante, quitte à revenir plus tard à celle qui te bloque.

6. **Comment améliorer la culture générale de mon enfant ?**

   On ne peut pas améliorer la culture générale d'un enfant en quelques mois ou en quelques semaines, encore moins la veille de l'examen. La culture générale, c'est ce que l'on a appris durant toute sa vie. La lecture est le chemin naturel vers la culture. Un enfant qui lit ne rencontre généralement pas de problème dans ce volet de l'examen. Les parents, en ce domaine, ont une très grande responsabilité. Identifiez assez tôt, vers l'âge de 6 ou 7 ans, quels sont les principaux champs d'intérêt de votre enfant et essayez par toutes sortes de stratagèmes, par la ruse si nécessaire, de les élargir en éveillant sa curiosité à d'autres sujets. S'il aime surtout le sport, par exemple, emmenez-le au cinéma, au théâtre, au musée, au zoo, au planétarium, à l'insectarium…

7. Comment sont évalués les enfants ?

Le premier critère de sélection est l'examen d'admission. L'élève doit obtenir la note de passage pour chacun des quatre volets de l'examen et pour la production écrite. Cette note peut varier de 60 à 70 %, selon les écoles.

Le deuxième critère est le dossier scolaire, le bulletin de l'élève.

Le troisième critère est le comportement – critère dont on ne parle pas très souvent, mais qui est très important. Si l'on détecte chez l'élève un problème de comportement (dans le bulletin ou même lors de l'examen d'admission), il y a de grandes chances qu'il soit refusé.

8. Pénalise-t-on de la même façon une absence de réponse et une réponse fautive ?

Normalement, une mauvaise réponse n'est pas plus pénalisée qu'une absence de réponse. Mais si c'est le cas, cela est toujours précisé dans la consigne de l'examen. On veut ainsi encourager l'enfant à ne pas répondre s'il ne connaît pas la réponse. S'il n'y a pas de consigne claire à ce sujet, un conseil : dites à votre enfant de prendre un risque, quitte à se tromper.

9. Comment éviter de stresser mon enfant le jour de l'examen ?

Le stress fait partie intégrante de l'examen. Il ne faut pas l'éviter, mais le contrôler. Bien souvent, ce ne sont pas les enfants qui sont les plus stressés, mais plutôt les parents, et ceux-ci communiquent leur stress à leur enfant.

- Arrêtez de lui dire le jour de l'examen : « Fais ceci, fais cela, ne fais pas ceci, ne fais pas cela, n'oublie pas ceci, n'oublie pas cela... »
- Ne le faites pas arriver trop en avance à l'examen, une demi-heure suffit.
- Un sourire, une petite tape dans le dos : « Vas-y, tout ira bien ! »

10. Que faire si mon enfant est refusé ?

Si l'école accepte 200 élèves et qu'il y a 500 demandes d'admission il y aura forcément 300 déceptions. Si votre enfant est refusé, il ne faut surtout pas en faire un drame, car ce n'est pas un drame. Demandez aux responsables des admissions les résultats de chaque volet de l'examen (français, production écrite, mathématique, culture générale, habiletés logiques) pour connaître les faiblesses de votre enfant. Tout au long de la prochaine année scolaire, faites-le travailler sur ses faiblesses*, puis inscrivez-le aux examens d'admission en 2e secondaire.

---

* Pour le français et la mathématique : *Les cahiers Orange, Pas de problème !*, Marcel Didier inc.
Pour la culture générale et la logique : *Les Imbattables*, Marcel Didier inc.

Se préparer en mathématique

Entoure la lettre correspondant à la bonne réponse ou suis la consigne.

Le sens et l'écriture des nombres

1 Écris en lettres le nombre de six chiffres qui ne contient que des « 7 ».

sept million, sept cent mille, soicante dix mille, sept mille, sept cent, soicant-dix-sept

2 Écris le nombre qui est représenté dans le tableau de numération suivant.

CM	DM	UM	C	D	U
•••••	•••••	•••••	•••••	•••••••	•••••
	•••••	•••••	•••••	•••••••	•••••
	•••••		••	•••••••	•••••

6 6 1 4 2 5

3 Tu achètes un billet de tirage. Ce billet est retiré d'un carnet où tous les billets sont numérotés dans l'ordre croissant. Ta sœur achète immédiatement après toi un billet qui porte le numéro 70 000. Quel est le numéro de ton billet ?

a) 69 999
b) 70 999
c) 69 099
d) 69 909

4 Ajoute le nombre qui manque pour que l'égalité soit vraie.

1×10^4 + 50 cent. + 45 diz. + 2×10 + 5 unités =

140 cent. + 36×10 + 15 unités + 29850

5 À la banque, une caissière doit remettre 1 895 $ à un client. Si elle utilise le moins de billets possible, combien de billets lui remettra-t-elle ? ________

6 Comment la caissière de l'exercice précédent peut-elle remettre le même montant à son client à l'aide de 35 billets ?

18 billets de 100 $ + 1 billets de 50 $ + 4 billets de 10 $ + 1 billets de 5 $

7 Un nombre est décomposé de la façon suivante :

$$(4 \times 10^5) + (4 \times 10^3) + (4 \times 10^1)$$

Quel est ce nombre ?

a) 444 444
b) 40 404
c) 404 404
d) 404 040

8 Quels nombres sont représentés par les lettres A, B et C sur cette droite numérique ?

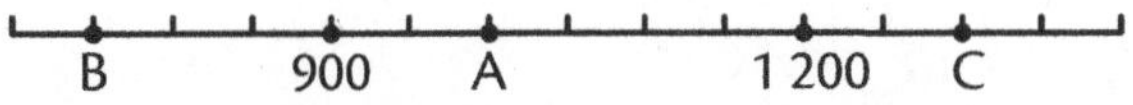

A : 1020
B : 720
C : 1320

9 Lesquelles de ces expressions ont la même valeur ?

1. 2^5
2. 5×5
3. 4×8
4. $2 + 2 + 2 + 2 + 2$
5. $2 \times 2 \times 2 \times 2 \times 2$
6. 5×2

a) 1 et 2
b) 1, 3 et 4
c) 1, 5 et 6
d) 1, 3 et 5

10 Un journaliste a affirmé que 5 000 spectateurs avaient assisté au match de l'équipe locale de hockey. Il a bien sûr arrondi le nombre réel. Lequel des nombres suivants pourrait représenter le nombre exact de personnes présentes ?

a) 4 499
b) 5 499
c) 4 490
d) 5 501

11 Le lendemain de mon anniversaire, ma mère me dit que mes amis et moi, qui avons eu chacun la même part de gâteau, avons mangé $\frac{12}{8}$ de gâteau. Dans ce contexte, lesquelles des affirmations suivantes sont vraies ?

1. Nous étions huit enfants à cette fête.
2. Il y avait plus d'un gâteau.
3. Il est resté la moitié d'un gâteau.
4. Nous avons mangé chacun $\frac{1}{12}$ d'un gâteau.

a) 1 et 4
b) 2 et 3
c) 1 et 3
d) 2 et 4

12 Quelle est la fraction représentée par la partie ombrée ?

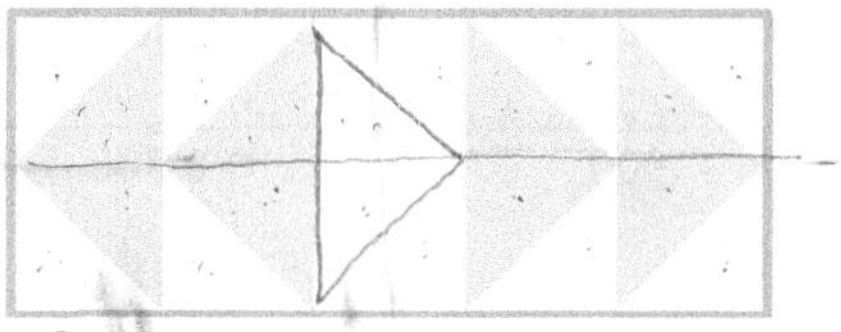

______

13 Dans lesquelles de ces figures les parties ombrées sont-elles égales ?

a) 
b) 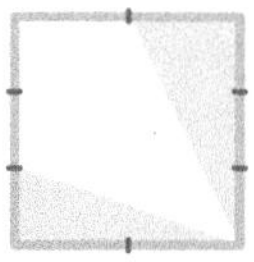
c) 

______

14 Si Jules a parcouru les $\frac{3}{8}$ du trajet qui le mène à l'école et que son frère, qui fréquente la même école, a parcouru $\frac{3}{7}$ du trajet, lequel des deux est le plus près de l'école ?

a) Jules
b) Son frère

15 Charlot et Charlotte sont deux jumeaux plutôt gourmands. Charlot a déjà mangé les $\frac{8}{9}$ de sa tablette de chocolat alors que Charlotte n'a plus que $\frac{1}{10}$ de la sienne à manger. Lequel en a mangé le plus ?

a) Charlot
b) Charlotte

16 Dans quel ensemble les fractions sont-elles placées dans l'ordre croissant ?

a) $\{\frac{2}{3}, \frac{7}{8}, \frac{4}{5}\}$
b) $\{\frac{7}{8}, \frac{4}{5}, \frac{2}{3}\}$
c) $\{\frac{2}{3}, \frac{4}{5}, \frac{7}{8}\}$
d) $\{\frac{7}{8}, \frac{2}{3}, \frac{4}{5}\}$

17 Quelles sont la plus grande et la plus petite fraction de cet ensemble ? Essaie de trouver la réponse sans transformer les fractions en fractions équivalentes à l'aide d'un dénominateur commun.

$$\{\frac{3}{5}, \frac{6}{8}, \frac{8}{7}, \frac{4}{9}, \frac{6}{11}\}$$

a) $\frac{6}{11}$ est la plus grande et $\frac{3}{5}$ est la plus petite.
b) $\frac{6}{8}$ est la plus grande et $\frac{6}{11}$ est la plus petite.
c) $\frac{8}{7}$ est la plus grande et $\frac{3}{5}$ est la plus petite.
d) $\frac{8}{7}$ est la plus grande et $\frac{4}{9}$ est la plus petite.

18 Écris une fraction supérieure à $\frac{1}{2}$ et dont le dénominateur est 9 :

______

19 Écris une fraction inférieure à $\frac{1}{2}$ et dont le numérateur est 5 :

______

20 Écris une fraction supérieure à un entier et dont le dénominateur est 7 :

____

21 Écris une fraction égale à deux entiers et dont le dénominateur est 8 :

____

22 Dans un examen, Cédric a réussi plus de $\frac{3}{5}$ des questions, mais moins de 0,7. Lequel des résultats suivants peut être le sien ?

a) 75 %
b) 55 %
c) 65 %
d) 60 %

23 Maryse a reçu un bouquet de 24 fleurs. Elle dit que 18 de ces fleurs étaient des roses. Quel ensemble traduit bien la quantité de roses comprise dans le bouquet de Maryse ?

a) $\{\frac{2}{3}$, 75 %$\}$
b) $\{\frac{3}{4}$, 75 %$\}$
c) $\{\frac{9}{12}$, 70 %$\}$
d) $\{\frac{6}{8}$, 80 %$\}$

24 Au pays des Schtroumpfs, 675 individus sur 1 000 mesurent moins d'un mètre. Quel pourcentage de la population mesure moins d'un mètre ?

a) 675 %
b) 67,5 %
c) 6,75 %
d) 0,675 %

25 Quelle fraction est égale à 120 % ?

a) $\frac{10}{12}$
b) $\frac{6}{5}$
c) $\frac{5}{6}$
d) $\frac{12}{100}$

26 Écris les nombres décimaux demandés.

a) cent unités et cinq centièmes :

____

b) neuf cent cinq unités et trois cent cinq millièmes : _________

c) sept unités et sept millièmes :

____

d) quatre-vingt-dix unités et trente-six millièmes : _________

27 Écris les nombres décimaux qui correspondent aux décompositions suivantes.

a) $300 + 3 + \frac{3}{10} + \frac{5}{1\,000}$: _________
b) $40 + \frac{3}{1\,000}$: _________
c) $2\,000 + 10 + \frac{56}{100}$: _________
d) $300 + 1 + \frac{5}{10} + \frac{1}{1\,000}$: _________

28 Dans quel ensemble les nombres décimaux sont-ils placés dans l'ordre décroissant ?

a) {30,3 ; 30,03 ; 30,33}
b) {30,3 ; 30,33 ; 30,03}
c) {30,33 ; 30,03 ; 30,3}
d) {30,33 ; 30,3 ; 30,03}

29 Écris les nombres de l'ensemble suivant dans l'ordre croissant.

66,8 3,8 606 6,6 8,6 3,06
60,06 66,08 60,6 6,06

____

____

30 Classe les fractions de l'ensemble suivant selon qu'elles sont inférieures, égales ou supérieures à $\frac{1}{2}$.

50 % $\frac{11}{22}$ 1,2 55 % 0,50 $\frac{7}{12}$

45 % 0,51 0,05 0,495 0,12 $\frac{3}{7}$

a) Fractions inférieures à $\frac{1}{2}$: ____________________

____

b) Fractions égales à $\frac{1}{2}$: ____________________

____

c) Fractions supérieures à $\frac{1}{2}$: ____________________

____

31 Quel ensemble contient deux fractions équivalentes ?

a) $\{\frac{3}{4}, 60\,\%\}$

b) $\{0{,}35\,;\frac{7}{20}\}$

c) $\{85\,\%, 8{,}5\}$

d) $\{\frac{7}{8}, 78\,\%\}$

32 Quel ensemble contient des expressions équivalentes ?

a) $\{\frac{7}{3}, 7\frac{1}{3}\}$

b) $\{3\frac{1}{2}, \frac{2}{7}\}$

c) $\{4\frac{2}{5}, \frac{22}{5}\}$

d) $\{\frac{7}{8}, \frac{8}{7}\}$

33 Dans le dernier examen de mathématique, Luis a réussi les $\frac{4}{5}$ des 100 questions, Catherine en a raté 15 % et Simon a fait 5 erreurs de plus que Catherine. Quels sont les deux enfants qui ont obtenu la même note et quelle était cette note ?

a) Catherine et Luis ont obtenu une note de 85 %.

b) Catherine et Luis ont obtenu une note de 80 %.

c) Les trois élèves ont obtenu des résultats différents.

d) Les deux garçons ont obtenu une note de 80 %.

34 Un sac contient 10 billes : 4 rouges, 2 bleues, 1 verte et 3 jaunes. Laquelle des affirmations suivantes est fausse ?

a) Il y a 30 % de billes rouges de plus que de billes vertes.

b) 0,75 des billes sont rouges ou jaunes.

c) Il y a moins de 25 % des billes qui sont bleues.

d) Si on avait un deuxième sac de billes identique au premier, on pourrait dire que 40 % des billes sont rouges.

Les opérations

35 Calcule mentalement la somme de chacun des couples de nombres suivants.

a) 2 325 et 1 275 : ____________________

b) 1 099 et 2 301 : ____________________

c) 4 033 et 2 107 : ____________________

d) six mille soixante-dix-huit et cinq cent douze : ____________________

36 Calcule mentalement la différence entre chacun des couples de nombres suivants.

a) 15 000 et 2 376 : ____________________

b) 13 540 et 1 450 : ____________________

c) 10 000 et 3 689 : ____________________

d) quatre mille et mille cent quatre-vingt-dix-neuf : ____________________

37 Lequel des résultats proposés est le plus près de la réponse réelle de la multiplication suivante : 386×36 ?

a) 16 000

b) 1 200

c) 1 600

d) 9 000

38 À la multiplication $3\,042 \times 78$, un élève a donné comme réponse 45 630.

a) Estime d'abord le résultat de cette multiplication : ____________________

b) La réponse de l'élève peut-elle être juste ? ________________

c) Si non, trouve la réponse correcte par la méthode de ton choix.

39 Coche les situations où la multiplication fait partie des opérations à utiliser pour trouver la solution.

- ☐ **a)** Un restaurant offre au menu du jour un choix de deux soupes, deux plats principaux et deux desserts. Combien de menus différents sont-ils ainsi offerts aux clients ?
- ☐ **b)** Un fleuriste reçoit 960 violettes africaines emballées dans des boîtes qui contiennent chacune 10 pots. Combien de boîtes lui ont été livrées ?
- ☐ **c)** Jules est un grand lecteur. Il achète deux bandes dessinées à 12,95 $ chacune et quatre romans jeunesse à 9,95 $. À combien s'élève le montant de ses achats ?
- ☐ **d)** La projection d'un film a duré 10 800 secondes. Quelle a été la longueur de cette projection en minutes ?

40 Les phrases qui suivent concernent la multiplication : 4 572 × 20 = 91 440. Entoure l'affirmation qui est fausse.

a) 4 572 et 20 sont des facteurs de 91 440.

b) 91 440 est le produit de cette multiplication.

c) 4 572 est un multiple de 20.

d) 91 440 est un multiple de 4 572.

41 Quels sont les facteurs de 48 compris entre 10 et 30 ?

____

42 Quels sont les trois plus grands facteurs de 60 ?

____

43 Quel est le 6^{e} multiple de 12 ? ________________

44 Quels sont les diviseurs de 72 qui sont des multiples de 4 ?

____

45 Marilou, John et Suzie suivent un programme d'entraînement physique. Marilou s'entraîne tous les trois jours, John, tous les quatre jours et Suzie, tous les cinq jours. Aujourd'hui, ils se rencontrent au gymnase. Dans combien de jours vont-ils se rencontrer à nouveau s'ils respectent leur horaire d'entraînement ?

a) dans 20 jours

b) dans 24 jours

c) dans 120 jours

d) dans 60 jours

46 Quel ensemble contient les nombres premiers inférieurs à 20 ?

a) {2, 3, 5, 7, 11, 13, 17, 19}

b) {1, 2, 3, 5, 7, 9, 11, 13, 15, 19}

c) {2, 3, 5, 7, 9, 11, 13, 15, 19}

d) {0, 1, 3, 5, 7, 9, 11, 13, 15, 17, 19}

47 Voici un arbre utilisé pour décomposer un nombre en un produit de facteurs premiers. Complète l'arbre et trouve le nombre qui est décomposé.

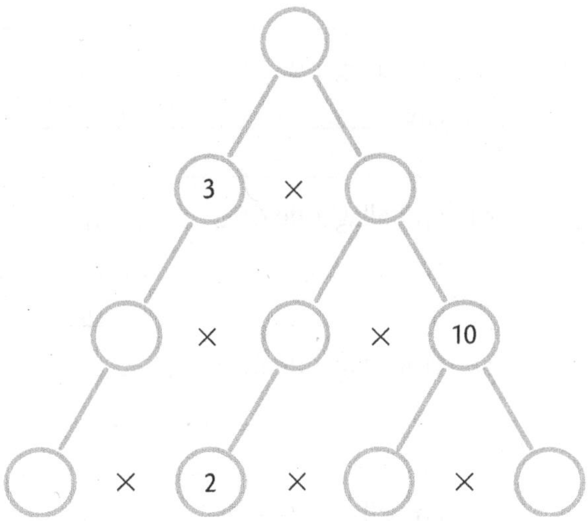

48 Place ces nombres au bon endroit dans les ensembles suivants.

1 – 4 – 8 – 16 – 25 – 27 – 36 – 64

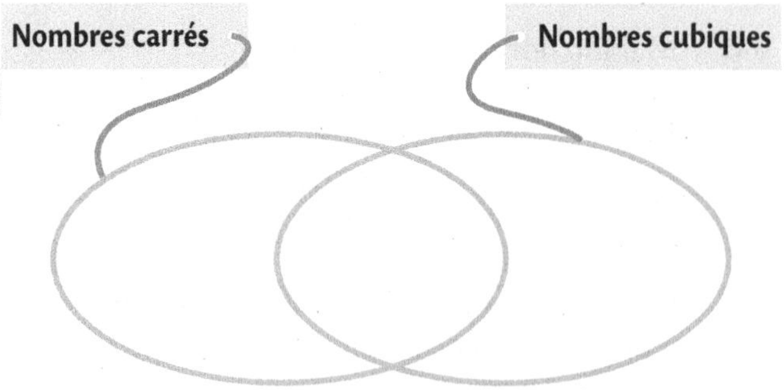

49 Un marchand a reçu un lot de 1 500 oranges. Il dit qu'il peut les vendre en emballages de 2, de 3, de 4, de 5, de 6, de 8, de 9 ou de 10. A-t-il raison ? Dans chaque cas, réponds par **oui** ou par **non** et justifie chaque réponse.

a) Emballages de 2 : ________,
car ______________________________
____

b) Emballages de 3 : ________,
car ______________________________
____

c) Emballages de 4 : ________,
car ______________________________
____

d) Emballages de 5 : ________,
car ______________________________
____

e) Emballages de 6 : ________,
car ______________________________
____

f) Emballages de 8 : ________,
car ______________________________
____

g) Emballages de 9 : ________,
car ______________________________
____

h) Emballages de 10 : ________,
car ______________________________
____

50 Un marchand a reçu un petit lot de timbres assez rares. Si, pour les vendre, il les divise en paquets de 5, il en reste 2. S'il les partage en paquets de 6, de 4 ou de 3, il en reste toujours 1. Combien de timbres a-t-il à vendre ?

____

51 Parmi les nombres suivants, lesquels ont 12 diviseurs ?

60, 72, 80, 96, 100

____

52 Coche les situations où la division fait partie des opérations à utiliser pour trouver la solution.

☐ **a)** Léonie a dépensé 104,80 $ pour acheter un pantalon de 25 $ et quatre chemisiers. Combien coûtait chaque chemisier ?

☐ **b)** Un athlète s'est entraîné pendant 1 080 minutes. Combien d'heures a duré son entraînement ?

☐ **c)** Un immeuble comporte 24 étages. Le rez-de-chaussée est occupé par la réception et les différents services offerts aux locataires. Chacun des 19 étages suivants compte 16 unités de logement et, finalement, les autres étages donnent accès à 8 appartements luxueux. Combien d'appartements cet édifice comporte-t-il en tout ?

☐ **d)** Un verger contient 5 120 arbres fruitiers, répartis également en 80 rangées. Quand vient le temps de la récolte, on réserve 25 de ces rangées à l'autocueillette. Combien d'arbres sont réservés à ce type de cueillette ?

53 Si 5 est le diviseur et 135 le quotient, quel est le dividende ?

____

54 Si 3 600 est le dividende et 24 le quotient, quel est le diviseur ?

____

55 Trouve les quotients. Vérifie d'abord combien de chiffres doit comporter la réponse.

a) 864 ÷ 24 = ________

b) 5 050 ÷ 25 = ________

c) 3 090 ÷ 30 = ________

d) 2 842 ÷ 14 = ________

56 Effectue les divisions suivantes et exprime le reste à l'aide d'un nombre décimal (jusqu'à l'ordre des dixièmes).

a) 46 ÷ 6 = ________

b) 847 ÷ 4 = ________

c) 1 026 ÷ 5 = ________

d) 2 042 ÷ 8 = ________

57 Quels nombres complètent la suite ?

_____ – _____ – 2 – 6 – 24 – 120 – _____

58 On construit une cible, à l'aide de cercles de bois, selon le modèle suivant. Combien de cercles seront nécessaires si cette cible comporte six rangées ?

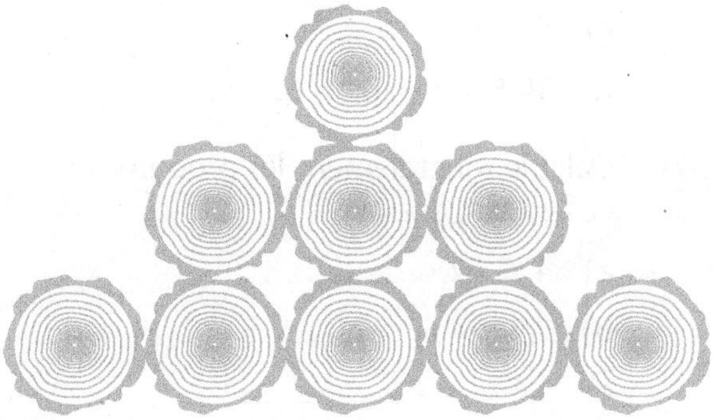

____

59 Pour effectuer la multiplication 4 × 38, je peux procéder de la façon suivante :
4 × 38 = (4 × 30) + (4 × 8) = 120 + 32 = 152.

Comment appelle-t-on la propriété de la multiplication qui est appliquée dans ce procédé ?

____

60 À l'aide du même procédé, résous les multiplications suivantes.

a) 4 × 26 = ______ b) 3 × 37 = ______

c) 5 × 35 = ______ d) 6 × 18 = ______

61 Quel est le résultat de cette chaîne d'opérations ?

10 + 7 × 2 – 3 × 4

a) 124 b) 84

c) 12 d) 44

62 Écris les signes qui conviennent pour que cette chaîne d'opérations ait le résultat indiqué.

45 ____ 3 ____ 2 ____ 5 = 25

63 Résous les problèmes suivants. Pour chacun, écris la chaîne d'opérations qui permet de trouver la solution.

a) Chaque fois que Marcus dépose 3 $ à la banque, sa grande sœur ajoute 1 $ à ses économies pour l'encourager. S'il a présentement 100 $ dans son compte, quel montant a-t-il lui-même économisé ?

____

____

b) La somme des âges de mon père et de ma mère est 72 ans. Ma mère a 6 ans de moins que mon père. Quel est l'âge de ma mère ?

____

____

c) Mon jeune frère a joué aux billes à la récréation. À la première partie, il a perdu la moitié de ses billes, à la deuxième, il en a gagné 40 et, à la troisième, il en a perdu 15. À la fin de la récréation, il avait 30 billes. Combien de billes avait-il avant de commencer à jouer ?

____

____

d) Un train part vers l'est et roule à une vitesse de 85 km/h. Un deuxième train part de la même gare en se dirigeant vers l'ouest à une vitesse de 75 km/h. Quelle distance sépare ces deux trains 4 heures après leur départ ?

____

____

e) Quelle distance séparerait ces deux trains après 3 heures si, partis de la même gare, ils roulaient dans la même direction ?

____

____

f) Un antiquaire achète 15 vieilles chaises pour 300 $. Il les rénove et les revend 100 $ chacune. Quel profit a-t-il réalisé s'il a dû dépenser 40 $ pour l'achat de matériel ?

____

____

64 Si l'on ajoute 8 centièmes et que l'on retranche 5 dixièmes à 260,38, quel résultat obtiendra-t-on ?

a) 259,96

b) 260,46

c) 260,338

d) 260,06

65 Dans chaque cas, encercle la réponse la plus plausible.

a) 10,55 + 3,5 = ?

13,60 14,05 13,105

b) 600,15 − 300,005 = ?

300,10 300,45 300,145

66 Estime le résultat des équations suivantes.

a) 8 × 39,51 = __________

b) 89,091 ÷ 2 = __________

c) 2,35 + 0,85 + 3,7 + 13 = __________

d) 99,7 − 9,5 − 12,01 = __________

67 Place la virgule au bon endroit dans les produits de ces multiplications.

a) 4,7 × 2 = 9 4 0

b) 8,05 × 2 = 1 6 1

c) 16, 05 × 3 = 4 8 1 5

d) 1,002 × 5 = 5 0 1

68 Encercle les multiplications qui ont pour produit 0,03.

a) 0,01 × 3

b) 0,1 × 0,03

c) 0,1 × 0,3

d) 1 × 0,003

69 Place la virgule au bon endroit dans les quotients de ces divisions.

a) 2,52 ÷ 3 = 84

b) 13,6 ÷ 4 = 34

c) 25,02 ÷ 3 = 834

d) 12,12 ÷ 4 = 304

70 Calcule mentalement les sommes et les différences.

a) 1, 5 + 2,5 + 1,5 = __________

b) 2,2 + 1,8 + 2,5 = __________

c) 5 − 3,5 = __________

d) 10 − 2,5 − 1,3 = __________

71 Calcule mentalement les produits et les quotients.

a) 4 × 1,2 = __________

b) 2,5 × 4 = __________

c) 3,6 ÷ 3 = __________

d) 1,4 ÷ 2 = __________

72 Trouve mentalement les réponses aux questions suivantes.

a) Combien y a-t-il de 1 ¢ dans 7 $? ______

b) Combien y a-t-il de 10 ¢ dans 12 $? ______

c) Combien y a-t-il de 25 ¢ dans 5,75 $? ______

d) Combien y a-t-il de 1 ¢ dans 8,75 $? ______

73 Trouve les sommes en plaçant les termes des additions en colonnes.

a) 100 + 10,5 + 1,005 = __________

b) 60,06 + 6,6 + 600 = __________

c) 8 + 0,8 + 8,818 = __________

d) 40,05 + 15, 5 + 0,05 = __________

74 Trouve les différences en plaçant les termes des soustractions en colonnes.

a) 50 − 39,11 = __________

b) 42,1 − 3,09 = __________

c) 100 − 7,005 = __________

d) 90,001 − 9,1 = __________

75 Trouve les produits par la méthode de ton choix.

a) 15,5 × 28 = __________

b) 132,05 × 6 = __________

c) 48, 01 × 5 = __________

d) 12,5 × 1,5 = __________

76 Trouve les quotients par la méthode de ton choix.

a) 9,5 ÷ 5 = __________

b) 130,2 ÷ 2 = __________

c) 94,8 ÷ 4 = __________

d) 10,05 ÷ 5 = __________

77 Trouve mentalement les produits et les quotients.

a) 2,5 × 10 = __________

b) 3,01 ÷ 10 = __________

c) 5,005 × 100 = __________

d) 0,15 × 1 000 = __________

e) 111,5 ÷ 100 = __________

78 Trouve les termes manquants.

a) 4,8 ÷ __________ = 0,48

b) 24,05 × __________ = 2 405

c) 130,9 ÷ __________ = 1,309

d) 0,5 ÷ __________ = 0,05

e) 10,01 × __________ = 10 010

79 Trouve les sommes et les différences.

a) $\frac{1}{2} + \frac{1}{3} + \frac{1}{4} =$ __________

b) $\frac{2}{5} + \frac{2}{3} + \frac{7}{10} =$ __________

c) $\frac{7}{8} - \frac{1}{3} =$ __________

d) $\frac{3}{4} - \frac{5}{12} =$ __________

80 Lors d'une période d'activités libres au gymnase, le quart des élèves de la classe joue au ballon, les trois huitièmes font des roulades, trois seizièmes jouent au badminton et les autres sautent à la corde. Quelle fraction des élèves de la classe saute à la corde ?

____

81 Ma mère a partagé avec nous la boîte de chocolats qu'elle a reçue à son anniversaire. Après la première journée, il restait les $\frac{3}{5}$ des chocolats. Le lendemain, nous avons mangé les $\frac{3}{10}$ de la boîte puis, le surlendemain, les $\frac{2}{15}$. Quelle fraction des chocolats reste-t-il encore dans la boîte ?

____

82 Trois gâteaux ont été séparés en 10 parties égales. Il est venu 24 invités, qui ont mangé chacun une part de gâteau. Quelle fraction représentent les parts de gâteaux qui n'ont pas été mangées ?

____

83 Trouve les produits. Réponds par une fraction réduite.

a) $\frac{2}{3} \times 3 =$ __________

b) $\frac{1}{8} \times 4 =$ __________

c) $\frac{3}{4} \times 3 =$ __________

d) $\frac{3}{8} \times 6 =$ __________

84 Philippe a lu 40 % de son livre la semaine dernière et 0,3 cette semaine.

a) Quelle fraction de son livre lui reste-t-il à lire ? __________

b) Si son livre contient 400 pages, combien de pages lui reste-t-il à lire ? __________

85 Lors d'une journée de plein air, 24 % des élèves d'une école ont choisi la glissade, un cinquième ont fait du ski, 0,16 ont fait de la raquette et les autres ont choisi le patinage. Exprime en pourcentage la fraction des élèves qui ont patiné.

____

86 L'automobile de ma mère a consommé 180,6 litres d'essence durant son dernier voyage. Lors du voyage précédent, elle en avait consommé deux fois moins. Si l'essence coûtait 0,89 $ le litre, combien a coûté l'essence utilisée pendant ces deux voyages ?

____

La géométrie

87

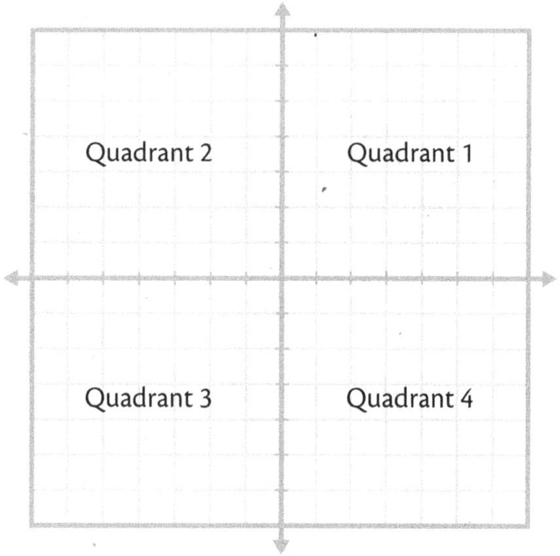

Dans lequel de ces quadrants un point a-t-il deux coordonnées négatives ?

____

88 Trace les points suivants dans le plan cartésien ci-dessous : (-4, -2), (-3, 2), (3, -2).

Quelles sont les coordonnées du point qui permettrait de compléter un parallélogramme ?

____

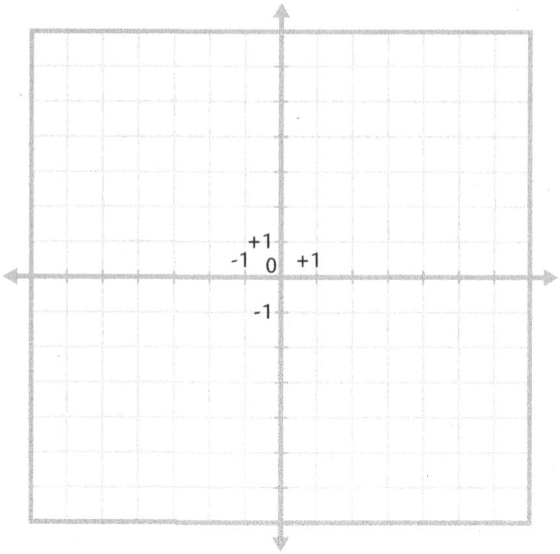

89 Combien de faces, de sommets et d'arêtes ce solide comporte-t-il ?

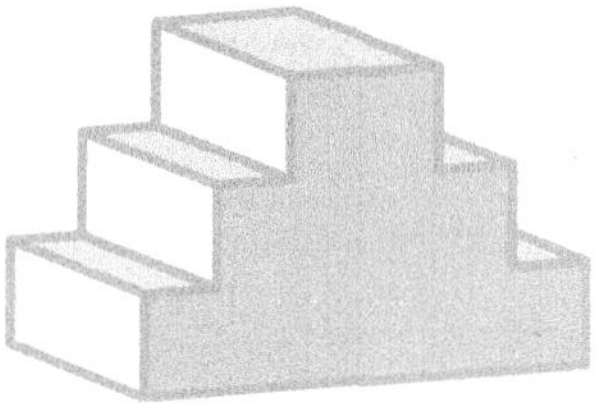

__________ faces

__________ sommets

__________ arêtes

90 Je suis une pyramide triangulaire dont la base est un triangle équilatéral. Laquelle de ces affirmations est fausse ?

a) Je possède quatre faces.

b) Je possède autant de sommets que de faces.

c) Je possède cinq arêtes.

91 Parmi ces figures, lesquelles ne sont pas des polyèdres ?

A  B 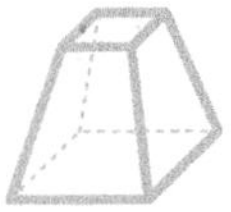 C 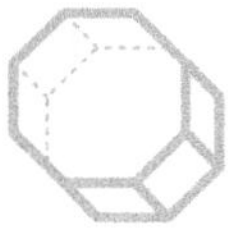

D  E 

a) A, B et D
b) A, B et C
c) A, D et E
d) A, C et E

92 Deux solides ne possèdent que des angles droits mais toutes leurs faces ne sont pas congrues.

Quels sont-ils ? ______________________________

____

93 Quel solide possède 15 arêtes ? ______________

____

94 Nomme un solide qui a autant de faces, de sommets et d'arêtes qu'un cube.

____

95 Un prisme triangulaire possède cinq faces. Quel autre solide possède le même nombre de faces, mais un nombre inférieur d'arêtes et de sommets ?

____

96 Encercle les figures qui ne sont pas des polygones.

A 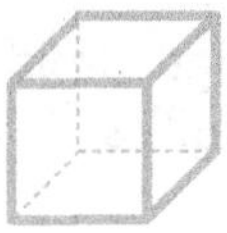 B  C 

D  E 

97 Identifie le plus précisément possible les polygones de cette figure.

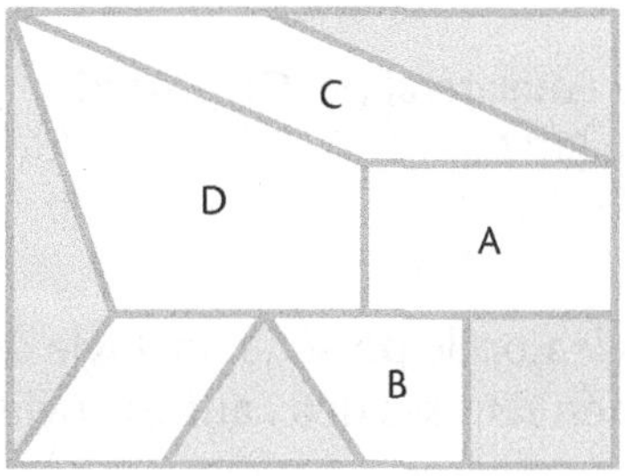

A : ______________________________

B : ______________________________

C : ______________________________

D : ______________________________

98 Encercle l'affirmation qui est vraie.

a) Tous les carrés sont des losanges.
b) Tous les losanges sont des carrés.

99 Nomme tous les quadrilatères qui possèdent les caractéristiques du parallélogramme.

____

____

100 Nomme tous les quadrilatères qui possèdent des côtés perpendiculaires.

____

____

101 A  B  C 

D  E 

Parmi ces quadrilatères, lesquels possèdent

a) quatre axes de symétrie ? ______________
b) trois axes de symétrie ? ______________
b) deux axes de symétrie ? ______________
d) un axe de symétrie ? ______________
e) aucun axe de symétrie ? ______________

102 Quels quadrilatères possèdent des diagonales qui se coupent en formant des angles droits ?

____

103 Un triangle équilatéral peut-il posséder un angle de 80° ?

____

104 Si un triangle isocèle possède un angle de 110°, combien mesurent ses deux autres angles ?

____

105

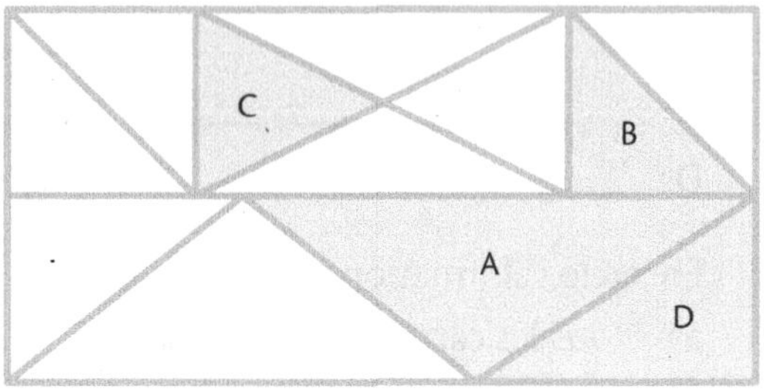

Nomme avec le plus de précision possible les triangles de cette figure.

a) A: ______________________

b) B: ______________________

c) C: ______________________

d) D: ______________________

106 Vrai ou faux ?

a) Un triangle rectangle peut être isocèle.

_____

b) Un triangle rectangle peut posséder un angle obtus. _____

c) Un triangle rectangle peut posséder deux angles de 45°. _____

d) Un triangle rectangle peut être équilatéral.

_____

107 Lequel ou lesquels de ces polygones ne sont pas convexes ?

a) 

b) 

c) 

d) 

108

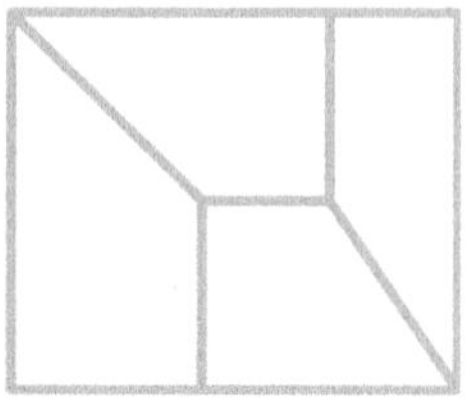

Sur cette figure, combien y a-t-il

a) d'angles aigus ? _____

b) d'angles obtus ? _____

c) d'angles droits ? _____

109 Un angle mesure 60°. Combien de degrés lui manque-t-il pour être

a) un angle droit ? _____

b) un angle plat ? _____

110 Mesure ces angles avec précision à l'aide d'un rapporteur d'angles.

a) 

b) 

c) 

111 Combien de degrés mesure l'angle parcouru par la grande aiguille de 13 h à 13 h 20 ?

____

112 Quelle sorte d'angle (nul, aigu, droit, obtus, plat) forment les aiguilles d'une montre lorsqu'il est

a) 11 h 10 ? _____

b) 12 h ? _____

c) 17 h 00 ? _____

d) 12 h 30 ? _____

113 Encercle l'affirmation qui définit le mieux les droites parallèles.

a) Ce sont des droites qui ne se touchent pas.

b) Ce sont des droites qui conservent toujours la même distance entre elles.

c) Ce sont des droites qui ressemblent aux rails de chemin de fer.

114 Complète les phrases. Sur la figure suivante,

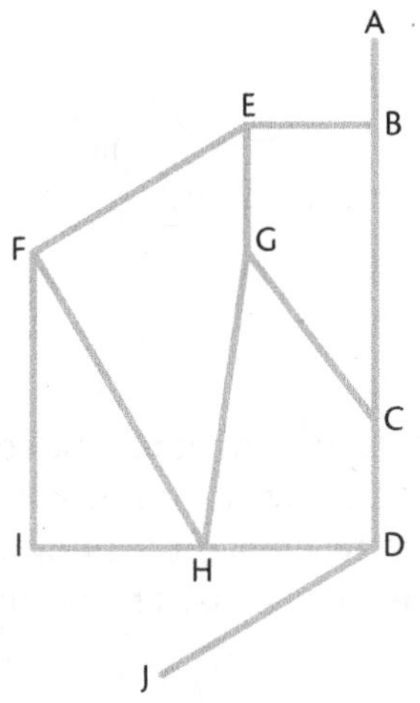

a) $\overline{AB}$ est parallèle à ________.

b) $\overline{EG}$ est perpendiculaire à ________.

c) $\overline{FE}$ est parallèle à ________.

d) $\overline{EF}$ est perpendiculaire à ________.

115 Sur ce même dessin, trace

a) la droite $\overline{KL}$ perpendiculaire à $\overline{DH}$;

b) la droite $\overline{GM}$ parallèle à $\overline{EF}$.

116 Dans un cercle, parmi les trois dimensions suivantes : le, rayon, le diamètre, la circonférence, laquelle est

a) la plus courte ? ________________

b) la plus longue ? ________________

117 Vrai ou faux ?

Si un cercle a un diamètre de 5 cm, alors son rayon mesure 10 cm.

____

118 À l'aide d'un compas, trace :

a) un cercle de centre A dont le rayon est de 3 cm ;

b) un cercle dont les points A et B sont les extrémités du diamètre.

119 Dans ce cercle, trace un diamètre $\overline{AB}$ et un rayon $\overline{OC}$ qui forme un angle au centre de 60° avec le rayon $\overline{OB}$.

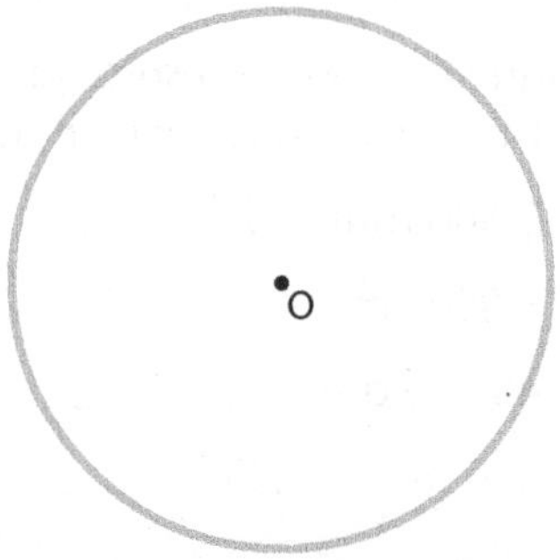

120 Quelle figure (B, C ou D) a été obtenue par la réflexion de la figure A ?

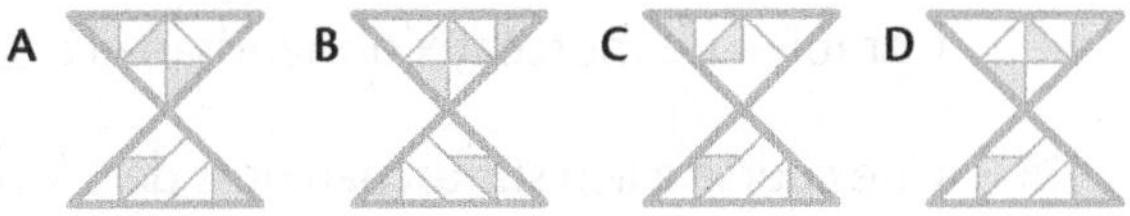

121 Dans cette mosaïque, quelle transformation géométrique permet d'obtenir

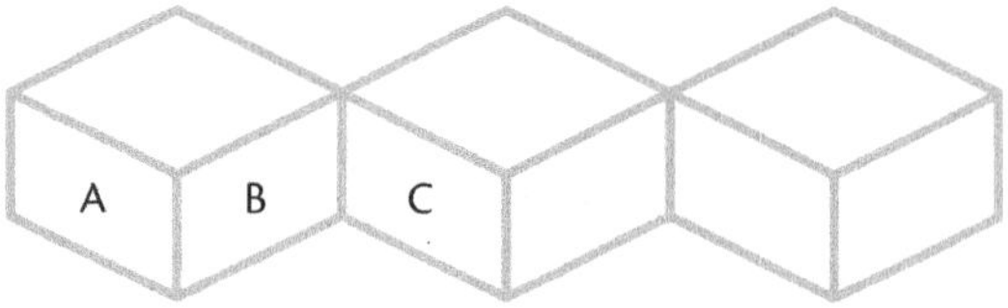

a) la figure B à partir de la figure A ? ______________________

b) la figure C à partir de la figure A ? ______________________

Les mesures

122 Complète les équivalences.

a) 1,7 km = __________ m

b) 47 cm = __________ mm

c) 10,5 m = __________ cm

d) 1 km = __________ dm

123 Indique l'unité de mesure qui manque pour que les égalités soient vraies.

a) 3 500 mm = 35 __________

b) 3 000 cm = 30 __________

c) 45 000 dm = 4,5 __________

d) 350 mm = 0,35 __________

124 Un menuisier a une baguette de bois qui mesure 3 m de longueur. Il doit la découper en morceaux de 2 dm de longueur.

Combien de morceaux obtiendra-t-il ? ________

125 Une course a lieu sur un parcours de 5 km. Jeannot a parcouru 3 750 m. Nathalie n'a plus que 50 m à parcourir avant d'atteindre la borne des 4 km et Jean-Michel est exactement à mi-chemin entre ses deux compagnons.

Quelle distance Jean-Michel a-t-il parcourue ?

____

126 Un athlète s'entraîne à la course sur une piste de 200 m. Son but est de courir 8,5 km par jour. Quel est le nombre minimum de tours qu'il doit parcourir avant d'atteindre son objectif ?

____

127 Quel est le périmètre de ce champ ? __________

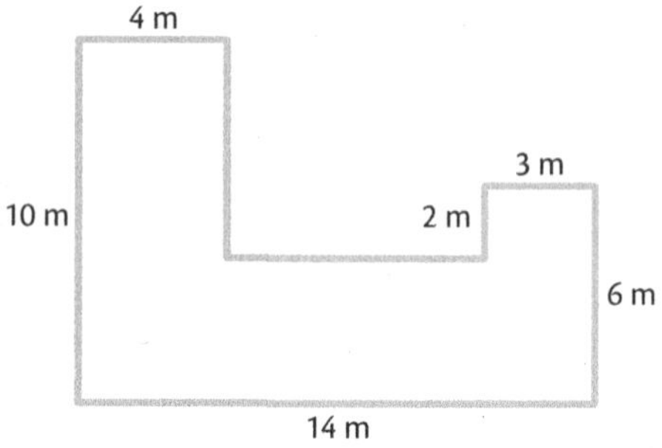

128 Ce jardin communautaire est constitué de terrains carrés qui mesurent 16 mètres de périmètre. Quel est le périmètre de l'espace total consacré à ce jardin communautaire ?

____

129 Caroline veut poser une bande de papier peint en haut des quatre murs de sa chambre qui mesure 4 m sur 5,5 m. Le papier peint se vend en rouleaux de 8 m.

Combien de rouleaux devra-t-elle acheter pour être certaine de compléter le travail ?

____

130 Le périmètre d'un champ est de 1 000 m. Trouve ses dimensions, sachant que la longueur est de 200 mètres supérieure à sa largeur.

a) La longueur mesure ____________________.

b) La largeur mesure ____________________.

131 Quelle est l'aire de cette figure ? ____________

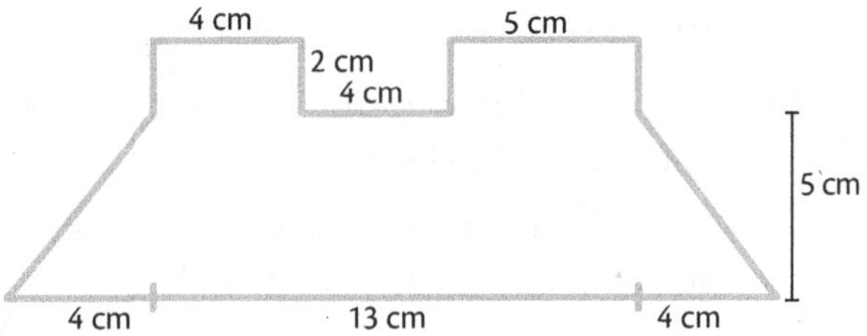

132 Combien de cm^2 sont contenus...

a) dans 1 dm^2 ? ________

b) dans 1 m^2 ? ________

133 Complète les équivalences.

a) 3 m^2 = ________ dm^2

b) 4 dm^2 = ________ cm^2

c) 300 mm^2 = ________ cm^2

d) 2 000 cm^2 = ________ m^2

134 L'aire d'un espace de jeu est un carré de 100 m^2. Quel est le périmètre de cet espace ?

____

135 Un carré a une aire de 64 cm^2. Un rectangle a la même aire.

Quelles peuvent être ses dimensions ? Indique toutes les possibilités.

____

____

____

136 Quelle est en dm^2 la surface d'une table qui mesure 1 m sur 1,5 m ? ______

137 Un espace de rangement carré mesure 3 mètres de côté.

Combien de carreaux de 1 dm^2 seront nécessaires pour en couvrir le plancher ? ______

138 Un parc devait mesurer 100 m sur 125 m. On a allongé sa longueur de 25 m.

De combien de mètres carrés a-t-on agrandi le projet de départ ? ______

139 Combien de cubes a-t-il fallu pour construire chaque solide ?

a)

b)

________ ________

140 Combien de cm^3 sont contenus

a) dans un dm^3 ? ________

b) dans un m^3 ? ________

141 Deux boîtes ayant la forme de prismes rectangulaires ont un même volume de 750 cm^3. Elles mesurent respectivement 15 cm sur 10 cm (boîte A) et 5 cm sur 15 cm (boîte B). Quelle est la hauteur de chacune ?

a) La hauteur de la boîte A est de ________.

b) La hauteur de la boîte B est de ________.

142 Combien de petites boîtes cubiques mesurant 5 cm d'arête peut contenir une grande boîte dont les dimensions sont : 6 dm de longueur, 4 dm de largeur et 3,5 dm de hauteur ?

____

143 L'aire de la face d'un cube est 81 cm^2. Quel est le volume de ce cube ?

____

144 Quelles peuvent être les dimensions d'un prisme rectangulaire si son volume est de 150 cm^3 et que sa hauteur est de 5 cm ? Trouve toutes les possibilités.

____

____

____

145 Jean-Philippe a réalisé une construction dont le volume est de 1 800 cm^3. Pour cela, il a utilisé 150 blocs dont les dimensions sont de 2 cm sur 2 cm sur 1 cm, et des cubes de 2 cm d'arête. Combien de ces derniers cubes a-t-il utilisés ?

____

146 Coche les produits qui se vendent en litres (L), centilitres (cL) ou millilitres (mL).

- ☐ **a)** des carottes
- ☐ **b)** du lait écrémé
- ☐ **c)** du jus de pomme
- ☐ **d)** de la moutarde
- ☐ **e)** de la vinaigrette
- ☐ **f)** de la farine
- ☐ **g)** du fromage
- ☐ **h)** du sucre

147 Complètes les équivalences.

a) 1,5 L = _________ mL

b) 2 L = _________ cL

c) 3 000 cL = _________ L

d) 450 cL = _________ L

148 Avec deux boîtes de jus de 960 mL, combien de verres de 16 cL peut-on remplir ?

____

149 Ma mère achète en moyenne16 litres de lait par semaine. Combien de litres manque-t-il pour que notre consommation de lait soit de 1 kilolitre par année ?

____

150 Complète les équivalences.

a) 3 kg = _________ cg

b) 2 050 mg = _________ dg

c) 5 000 cg = 50 _________

d) 3,4 g = 340 _________

151 Un petit contenant de yogourt pèse 130 g. Si une caisse contient 216 de ces contenants, quel est son poids en kg ?

____

152 Mon petit frère pèse 35,6 kg. Combien de grammes lui manque-t-il pour peser 36 kg ?

____

153 Complète les équivalences.

a) 210 minutes = _________ heures

b) 150 ans = _________ décennies

c) 7 200 secondes = _________ heures

d) 3 mois = _________ année

154 Mon grand-père est né le 29 février 1924. Il a aujourd'hui 84 ans.

Combien de fois a-t-il célébré son anniversaire un 29 février ? _________

155 Entre minuit et 6 heures, combien de fois l'aiguille des secondes fait-elle le tour de l'horloge ?

____

156 Mon horloge sonne un coup tous les quarts d'heure et, aux heures, elle sonne le nombre de coups nécessaires pour indiquer l'heure.

Combien de coups sonne-t-elle en une journée ?

____

157 Jules prend normalement 18 min 40 s pour se rendre à l'école. Après s'être foulé la cheville, il s'aperçoit qu'il marche deux fois moins vite.

Combien de temps lui faut-il donc maintenant pour se rendre à l'école ?

a) 9 min 20 s

b) 36 min 40 s

c) 37 min 40 s

d) 37 min 20 s

158 Mon enseignant dit que pendant la récréation l'aiguille des minutes parcourt un angle de 120° sur le cadran de l'horloge.

Combien de minutes notre récréation dure-t-elle ?

____

159 Julietta quitte la maison. Elle attend l'autobus 10 minutes, parcourt un trajet qui dure 45 minutes, marche 8 minutes pour arriver au bureau, prend 5 minutes pour se déshabiller et s'assoit à son bureau à 9 h 05.

À quelle heure aurait-elle dû quitter la maison pour être au travail à 9 h ?

____

160 Ma grand-mère doit suivre une série de vingt traitements au rythme de un par semaine.

Si le premier traitement a eu lieu le lundi 14 février, quelle sera la date de son dernier traitement ?

____

161 Quel écart y a-t-il entre une température de −14 °C et une autre de 3 °C ?

____

162 Un matin d'hiver, le mercure indique −7 °C. On prévoit un faible réchauffement de 3 degrés.

Quel est le maximum prévu ? _____________

163 Aujourd'hui, la température moyenne est de 4 °C, ce qui représente un gain de 7 degrés par rapport à la température moyenne d'hier.

Quelle était la température moyenne hier ?

____

164 Dans le désert, on peut constater des écarts extrêmes de température entre la nuit et le jour. Par exemple, si une nuit il fait −10 °C et que le jour le thermomètre monte à 48 °C, quel écart cela représente-t-il ?

____

Les statistiques

165

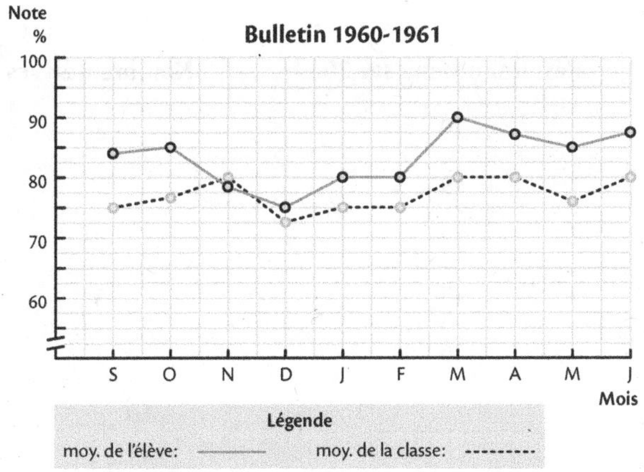

Autrefois, le bulletin de l'élève comportait un diagramme comme celui-ci sur lequel on pouvait lire à la fois la moyenne de l'élève et celle de son groupe.

a) Pendant combien de mois cet élève a-t-il eu une note supérieure à celle du groupe ?

____

b) Calcule l'écart entre la note la plus élevée et la note la plus basse de l'élève.

____

c) Le mois où l'élève a obtenu sa note la plus élevée, quel était son écart par rapport à la moyenne du groupe ?

____

d) Quelle a été la note moyenne de l'élève pour cette année scolaire ?

____

166 On a interrogé 200 élèves d'une école primaire pour connaître leur activité scolaire préférée.

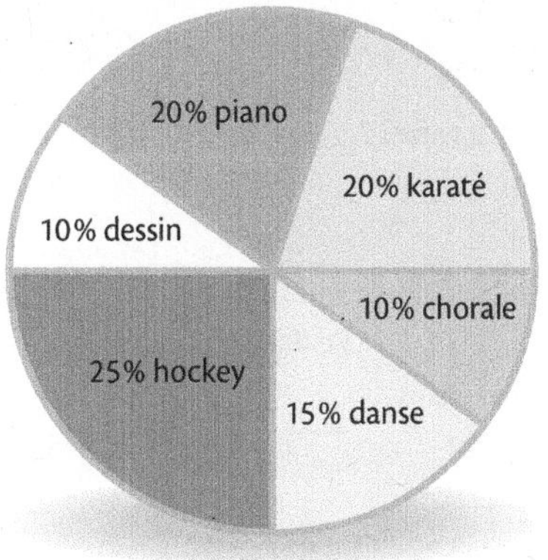

Combien d'élèves préfèrent...

a) le hockey ? ________

b) le dessin ? ________

167 Les 75 élèves de sixième année ont indiqué quel animal domestique ils possédaient à la maison. Pour représenter les résultats obtenus à l'aide d'un diagramme circulaire, combien devrait mesurer chaque angle au centre ?

Animal possédé	Nombre	Mesure de l'angle au centre
Chien	25	
Chat	20	
Poisson	15	
Oiseau	5	
Hamster	10	

168 On a interrogé des élèves pour connaître le nombre d'enfants qu'il y a dans leur famille. Après avoir mesuré les angles au centre, indique dans ce diagramme circulaire les pourcentages qui correspondent à chaque situation.

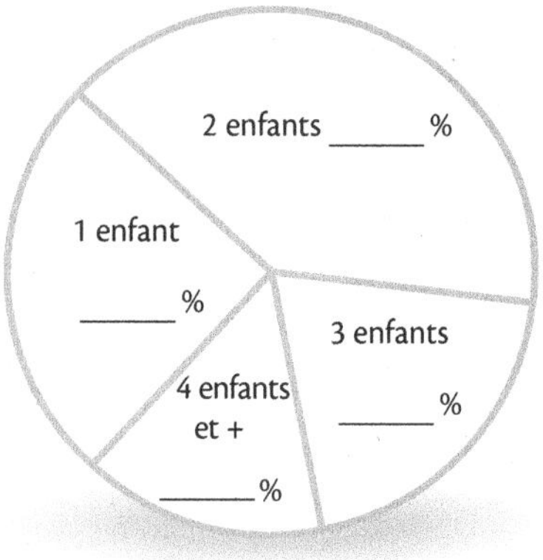

169 On a interrogé 100 familles pour savoir à quel endroit elles prévoyaient passer leurs prochaines vacances d'été. Remplis le diagramme circulaire pour exprimer les résultats de l'enquête : 40 vont rester au Québec, $\frac{1}{5}$ vont aller ailleurs au Canada, 0,25 iront aux États-Unis et les autres vont voyager sur un autre continent.

170 Julie s'entraîne. Elle nage chaque jour la même distance. Voici les temps qu'elle a obtenus lors de ses trois dernières séances d'entraînement : 32 min 40 s, 31 min 50 s, 30 min 30 s.

Quel est le temps moyen de sa performance ?

____

171 À un examen de calcul mental, les 25 élèves d'une classe ont obtenu les résultats suivants. Quelle a été la moyenne du groupe ?

Résultat obtenu sur 20	Nombre d'élèves
20	8
19	5
18	7
17	3
16	2

____

172 Après avoir obtenu des notes de 80 %, 75 %, 78 % et 79 %, quelle note Aurélie devrait-elle obtenir au cinquième examen pour conserver une moyenne de 80 % ?

____

Les probabilités

173 Tu piges une boule dans un sac qui contient huit boules noires, sept boules rouges et trois boules jaunes.

Décris un événement

a) probable : ______________________________

____

b) certain : ______________________________

____

c) impossible : ______________________________

____

174 Quand on jette un dé, l'événement « obtenir un nombre pair » est-il plus, moins ou aussi probable que l'événement « obtenir un nombre impair » ?

____

175 Tu tires une carte d'un jeu de 52 cartes. Compare les probabilités que les événements suivants se produisent en écrivant **inférieure**, **supérieure** ou **égale.**

a) La probabilité de piger une carte rouge est ______________ à la probabilité de tirer une carte noire.

b) La probabilité de tirer une figure est ______________ à la probabilité de tirer une carte sans figure.

c) La probabilité de tirer un as est ______________ à la probabilité de tirer une dame rouge.

d) La probabilité de tirer une carte dont la valeur est supérieure à 5 est ______________ à celle de tirer une carte dont la valeur est égale ou inférieure à 5.

176 Tu lances deux pièces de monnaie. Trace les flèches qui te permettent d'illustrer tous les résultats possibles.

Combien y a-t-il de résultats possibles ? ________

1re pièce **2e pièce**

177 Tu lances deux dés. Remplis ce tableau pour trouver tous les résultats possibles.

Combien y en a-t-il ? ______________

	⚀	⚁	⚂	⚃	⚄	⚅
⚀						
⚁						
⚂						
⚃						
⚄						
⚅						

178 Un couple aimerait avoir trois enfants. Complète cet arbre afin de connaître toutes les façons dont les filles et les garçons peuvent être répartis.

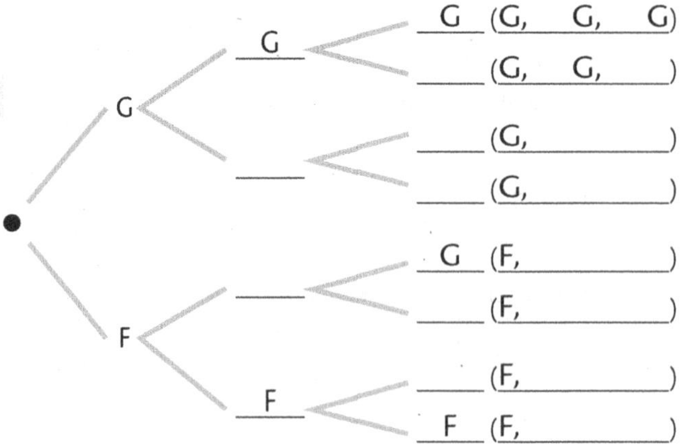

179 Tu piges successivement deux pièces de ce porte-monnaie.

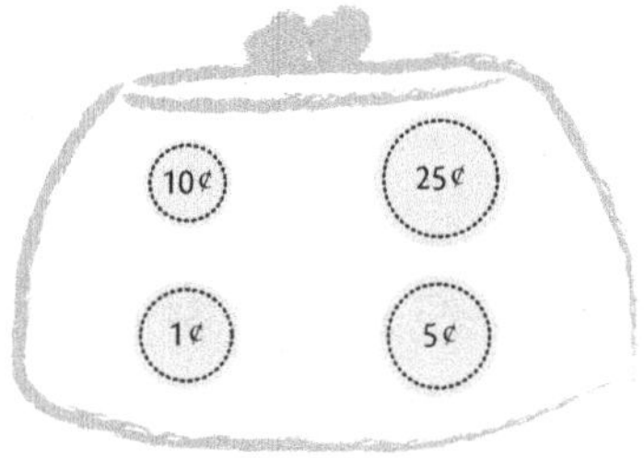

a) Complète l'arbre afin de connaître tous les montants que tu peux obtenir.

b) Quelle est la probabilité que tu obtiennes 35 cents ? ___________

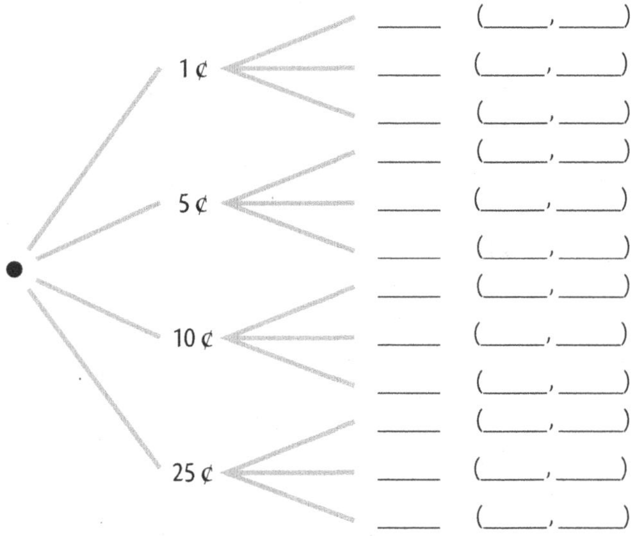

180 Tu piges deux billes dans ce sac. Tu ne remets pas dans le sac la première bille que tu as pigée. Complète l'arbre pour connaître tous les résultats possibles.

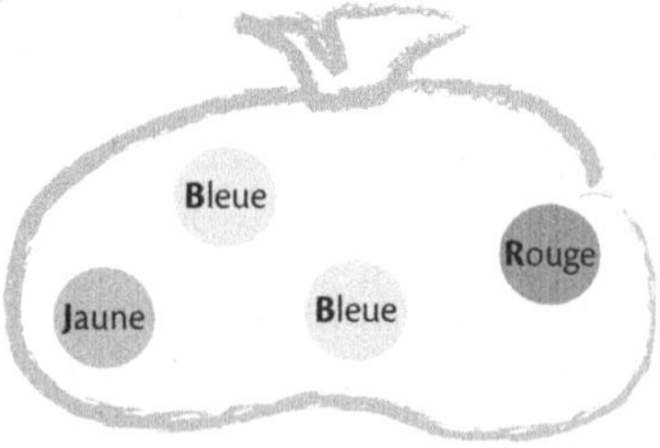

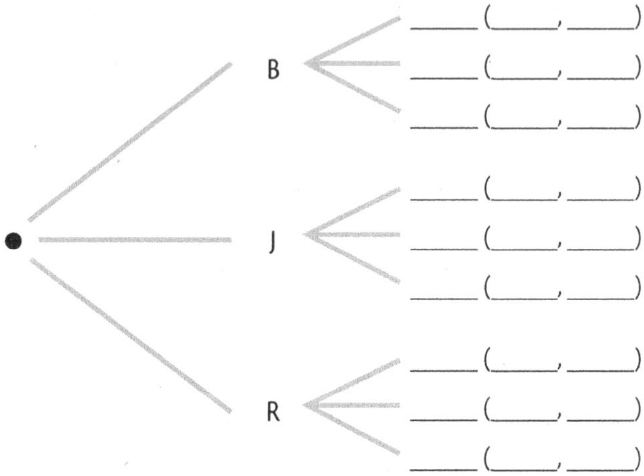

181 Si tu fais tourner une seule fois la roulette ci-dessous, quelle est la probabilité que tu gagnes 1 000 $, compte tenu que cette section est déterminée par un angle au centre de 15° ?

____

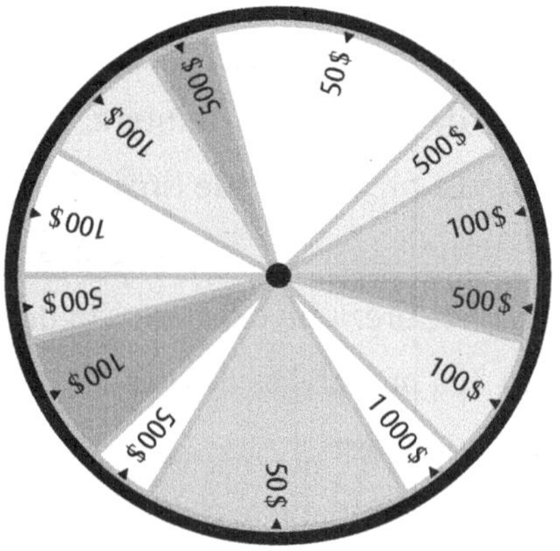

182 Si tu fais tourner cette même roulette, quelle serait la probabilité que tu gagnes 100 $?

____

183 Quelle est la probabilité que la Saint-Valentin soit un dimanche ?

____

184 Quelle est la probabilité que la fête de Noël soit un 25 décembre ?

____

185 Quelle est la probabilité qu'une semaine comporte deux jeudis ?

____

186 Quelle est la probabilité de tirer un as dans un jeu de cartes ?

____

187 Quelle est la probabilité de tirer une figure ou un as dans un jeu de cartes ?

____

188 Quand tu lances un dé, quelle est la probabilité que tu obtiennes un nombre égal ou inférieur à 2 ?

____

189 Mustapha lance des flèches sur la cible ci-dessous. Quelle est la probabilité qu'il atteigne un des quatre coins ?

____

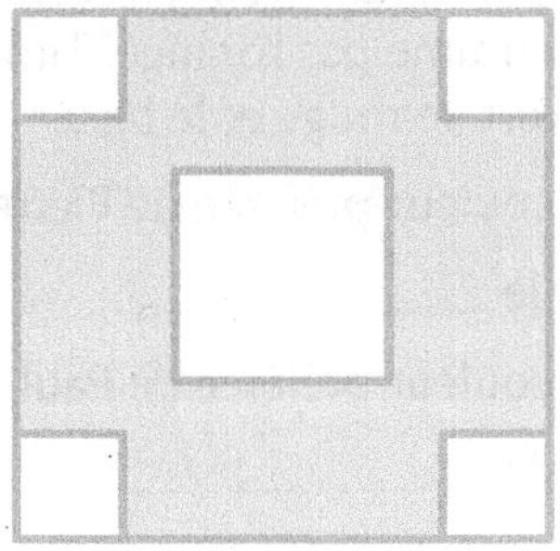

190 Sur la cible de l'exercice précédent, quelle est la probabilité d'atteindre le carré situé au centre ?

____

191 Tu piges successivement deux lettres d'un sac qui contient les 26 lettres de l'alphabet. La première fois, tu piges un **e**. Quelle est la probabilité que tu tires une voyelle au deuxième coup si tu n'as pas remis la première lettre dans le sac ?

____

192 Un sac contient des billes bleues et des billes rouges. La probabilité de tirer une bille bleue est de $\frac{1}{3}$. Si le sac contient quatre billes rouges, combien y a-t-il de billes bleues ?

____

193 Un sac contient 20 billes. Il y a autant de billes noires que de jaunes, mais le nombre de billes vertes est supérieur de cinq au nombre de billes de chacune des autres couleurs.

Quelle est la probabilité de tirer une bille verte ?

____

194 Si on tire une boule du sac de l'exercice précédent, quelle est la probabilité d'obtenir une boule qui ne soit ni verte ni jaune ?

____

Se préparer en habiletés logiques

Entoure la lettre correspondant à la bonne réponse ou suis la consigne.

Le raisonnement

1 Qui est la sœur de la fille de la sœur de mon père ?

____

2 Qui est la sœur du père de la fille du frère de ma mère ?

____

3 Mon grand-père et ma grand-mère ont eu quatre filles. Chacune avait un frère. Combien étaient-ils dans la famille ?

____

4 Dans l'alphabet, quelle lettre suit celle qui précède la lettre **v** ?

____

5 Dans l'alphabet, quelle lettre précède celle qui suit la lettre **v** ?

____

6 Quel jour serons-nous le lendemain de la veille de vendredi ?

____

7 Quel jour serons-nous la veille du lendemain de vendredi ?

____

8 Quelle date serons-nous le surlendemain de la veille du 29 février ?

____

9 Quel jour serons-nous la veille du surlendemain du jour de Pâques ?

____

La déduction

10 Le menu de la cafétéria n'est pas très varié !

Le lundi, nous mangeons de la lasagne ou des hamburgers. Le mardi, nous mangeons de la pizza ou du pâté chinois. Le mercredi, nous mangeons des hamburgers ou de la pizza. Le jeudi, nous mangeons de la lasagne, du pâté chinois ou de la pizza. Le vendredi, nous mangeons des hamburgers ou du pâté chinois. Aujourd'hui, il n'y a au menu ni lasagne ni pâté chinois. Quel jour sommes-nous ?

	Lundi	Mardi	Mercredi	Jeudi	Vendredi
Lasagne					
Hamburgers					
Pizza					
Pâté chinois					

____

11 Quelle est la couleur préférée de chacun : Bleu, orange, rouge, vert ou jaune ?

Pierre et Paul détestent le rouge et l'orange. Ni Léo ni Paul n'aiment l'orange et le vert. Léa n'aime pas l'orange. Tim et Léa détestent le vert, le rouge et le bleu.

La couleur préférée de Pierre est le __________.

La couleur préférée de Paul est le __________.

La couleur préférée de Léo est le __________.

La couleur préférée de Léa

est le ______________.

La couleur préférée de Tim

est le ______________.

12 De quel instrument de musique joue chaque membre de la famille ?

Indices :

Les filles ne jouent pas d'un instrument à vent.

Papa a besoin d'un déménageur pour transporter son instrument.

Une des filles se sert d'un archet.

Alexandre n'aime pas les instruments à vent.

Ce n'est pas Clovis qui joue de la guitare.

Jésabelle n'aime pas les instruments à cordes.

	Piano	Clarinette	Violon	Guitare	Xylophone
Papa					
Maman					
Alexandre					
Clovis					
Jésabelle					

Papa joue ______________________.

Maman joue ______________________.

Alexandre joue ______________________.

Clovis joue ______________________.

Jésabelle joue ______________________.

13 Quatre amis font une course. Arthur n'est pas arrivé le dernier. Basile est arrivé entre le premier et le dernier. Colin avait tous ses adversaires devant lui. Darius et Basile n'étaient pas troisièmes.

Dans quel ordre sont-ils arrivés ?

____

14 Si Antonio, Angelo et Alfonso ne disent jamais la vérité, qui a vraiment eu 100 % en mathématique ?

Antonio dit : « Roberto a eu 100 %. »

Angelo dit : « Antonio a eu 100 %. »

Alfonso dit : « J'ai eu 100 %. »

____

15 Si Violette, Huguette, Georgette et Pâquerette ne disent jamais la vérité, à qui appartiennent le ballon, les patins, la bicyclette et la planche à roulettes ?

Violette dit : « Les patins et le ballon sont à Huguette. »

Huguette dit : « La planche est à Pâquerette. »

Georgette dit : « Le ballon est à Violette. »

Pâquerette dit : « Les patins et le ballon sont à moi. »

Le ballon appartient à ______________.

Les patins appartiennent à ______________.

La bicyclette appartient à ______________.

La planche à roulettes

appartient à ______________.

16 Vrai ou faux ? Coche la case qui convient.

Si Sylvie est plus vieille que Noémie, que Noémie est plus vieille que Annie et que Annie est plus vieille que Marie…

	Vrai	**Faux**
… Sylvie est donc plus jeune que Annie.	☐	☐
… Noémie est donc plus vieille que Marie.	☐	☐
… Noémie est donc plus jeune que Marie.	☐	☐
… Marie est donc plus vieille que Sylvie.	☐	☐

17 Les quatre garçons de madame Laflamme mesurent respectivement 1 m, 1 m 10, 1 m 15 et 1 m 20.

Clément est plus petit qu'Adrien et plus grand que Roland. Flavien est plus grand que Clément et plus petit qu'Adrien. Combien mesure chacun des garçons ?

Clément mesure ______________________.

Adrien mesure ______________________.

Roland mesure ______________________.

Flavien mesure ______________________.

18 Écris sous chaque bouteille le jus qu'elle contient.

Indices :

Il y a quatre bouteilles de jus d'ananas, deux bouteilles de jus de raisin, une bouteille de jus de pomme et une bouteille de jus d'orange.

Sur l'étagère du bas, les bouteilles contiennent toutes la même sorte de jus.

Une des bouteilles situées à l'extrême droite contient la même sorte de jus que celles qui sont sur la 3e étagère à partir du bas.

La bouteille de jus d'orange est à gauche de celle de jus de pomme.

19 Nestor, Gaspar et Balthasar sont voisins. Écris le nom de chacun sous sa maison.

Indices :

La maison de Gaspar a quelque chose que les deux autres maisons n'ont pas.

Les maisons de Gaspar et de Nestor ont quelque chose que celle de Balthasar n'a pas.

20 À partir des indices, dessine une figure (un carré, un cercle ou un triangle) dans chaque case. Colorie-la en bleu ou en rouge.

Indices :

Le carré rouge est au centre.

Le cercle rouge n'est pas en haut.

Les triangles sont à gauche.

Le cercle bleu est au centre.

Les figures bleues sont en haut.

21 Écris les lettres R, I, T, U, E, T dans les cases.

Indices :

Le R est à côté d'un T.

Le I est entre le U et un T.

Il y a un T dans la case à côté du E.

Il n'y a aucune lettre à gauche de l'un des T.

Le U est à droite du R.

Il y a une voyelle dans la dernière case.

La logique mathématique

22 Arlette Dupuis veut vendre sa voiture 1 000 $. Comme aucun acheteur ne se manifeste, elle baisse le prix de 40 %. Comme cela n'attire pas plus d'acheteurs, elle remonte le prix de 40 %. À quel prix vend-elle sa voiture ?

a) 240 $

b) 600 $

c) 840 $

d) 1 000 $

23 Complète la pyramide de nombres sachant que dans chaque case se trouve un nombre qui est la différence des deux nombres qui sont en dessous.

19					
	5				
		5			
	20			4	
95		20	10		

24 Le même nombre remplace le point d'interrogation des trois équations suivantes. Lequel ?

24 × ? × 4 = ?

6 × ? = ?

? × 8 = ?

____

25 Chaque figure géométrique représente un nombre. Trouve ces nombres.

Indice :

Au bout de chaque rangée et sous chaque colonne est indiquée la somme des nombres représentés.

△	□	▭	△	▭	21
○	◇	○	◇	▭	20
◇	○	△	□	○	18
▭	▭	▭	▭	▭	20
□	○	△	△	▭	19
20	17	20	23	18	

△ = ______ □ = ______

○ = ______ ▭ = ______

◇ = ______

26 Trouve la valeur de chaque lettre.

Indices :

C est un nombre impair.

C + **C** est plus grand que 4 et plus petit que 10.

```
    A B C
+   D C C
---------
  B B E A
```

27 Quelle est la moitié du quart du tiers de 120 ?

____

28 Clovis, Gontran et Victor ont mis quatre jours pour rentrer le bois dans la cave. Si Napoléon, Cyril et Blanche les avaient aidés, combien de temps auraient-ils mis ?

____

29 Les élèves de la classe de Flore sont en rang deux par deux. Elle est au 5ᵉ rang à partir du début et au 10ᵉ rang à partir de la fin. Combien y a-t-il d'élèves dans sa classe ?

30 Mon immeuble mesure 40 mètres de haut plus la moitié de sa hauteur. Combien mesure-t-il ?

31 Madame Thibaut recycle ses vieux bouts de chandelles. Avec 10 bouts de chandelles, elle fait une nouvelle chandelle. Combien pourra-t-elle faire brûler de chandelles avec 100 bouts de chandelles ?

32 Associe les nombres deux par deux pour qu'ils aient un rapport avec le nombre 24.

48	3	14
33	**24**	8
10	2	9

L'observation

33 Observe bien les fruits ci-dessous pendant 15 secondes, puis fais l'exercice 36 à la page suivante.

34 Quelle forme a été enlevée sur la figure ci-dessous ?

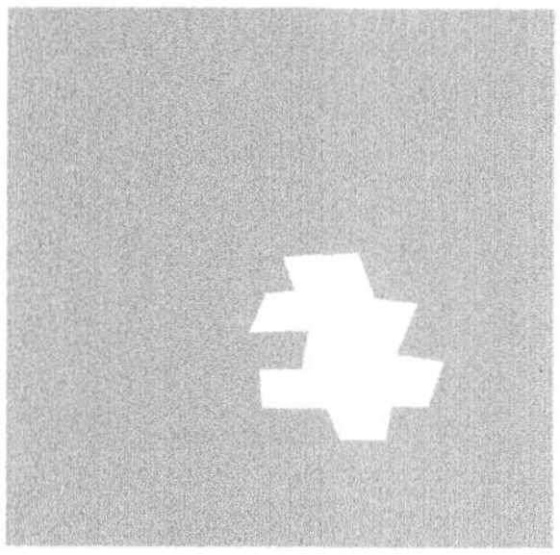

a) 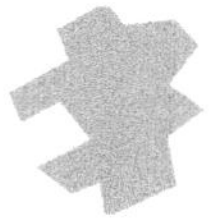

b) 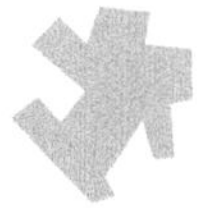

c) 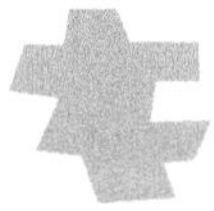

d) 

35 On écrit le nombre 966 969 sur une calculatrice, puis on retourne la calculatrice pour voir l'écran à l'envers. Quel nombre peut-on lire ?

____

36 Cache avec une feuille les fruits représentés à l'exercice 33, puis essaie de dessiner ceux qui manquent dans les cases vides.

Les analogies

37 Entoure la figure qui convient.

a) 

b) 

c) 

d) 

38 Entoure la figure qui convient.

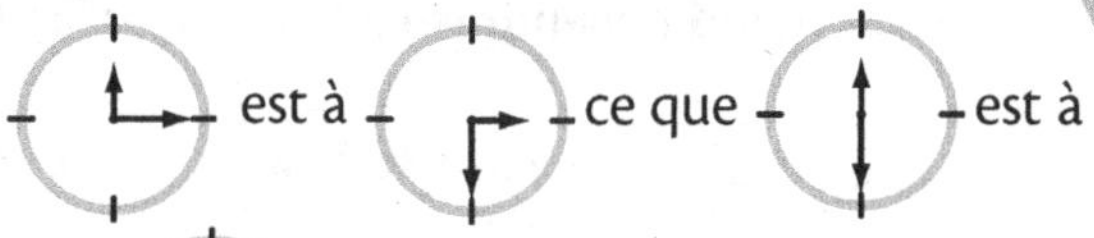

a) 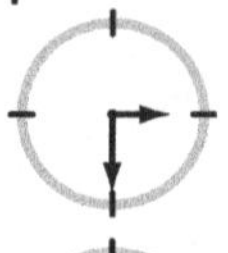

b) 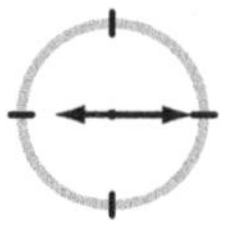

c) 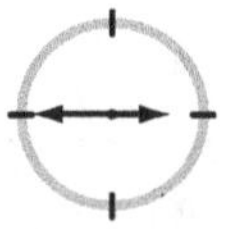

d) 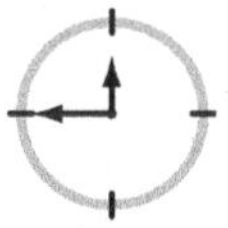

39 Entoure le mot ou le nombre qui convient.

a) **Éclairer** est à **soleil** ce que **chanter** est à :

musique refrain
corde vocale chanson

b) **Voir** est à **examiner** ce que **parler** est à :

apercevoir confier
dire cacher

c) **Nez** est à **visage** ce qu'**orteil** est à :

chaussure marche
doigt pied

d) **Figue** est à **gigue** ce que **lot** est à :

tôt sot rôt mot

e) **302** est à **635** ce que **250** est à :

581 582 583 584

40 Relie chaque question à sa réponse.

Quand reviendras-tu ? •	• Oui, j'ai beaucoup aimé.
Le sais-tu ? •	• Non, je suis trop gêné.
Quand es-tu arrivé ? •	• Oui, très bien.
Viens-tu danser ? •	• Non, il est parti.
Est-ce que Jason est là ? •	• Bientôt.
As-tu lu Jules Verne ? •	• Non, je n'en ai aucune idée.
Connais-tu ma cousine ? •	• Hier.

Se préparer en culture générale

Entoure la lettre correspondant à la bonne réponse.

L'histoire

1 Quelles sont les dates du début et de la fin de la Seconde Guerre mondiale ?
- **a)** 1914-1918
- **b)** 1870-1876
- **c)** 1939-1945
- **d)** aucune de ces réponses

2 Qui a été l'acteur principal de la Révolution russe, en 1917 ?
- **a)** Lénine
- **b)** Staline
- **c)** Nicolas II
- **d)** Dostoïevski

3 Comment appelle-t-on le bateau qu'utilisaient les Vikings lors de leurs conquêtes ?
- **a)** un drakkar
- **b)** une caravelle
- **c)** une galère
- **d)** une chaloupe

4 Où a été inventé le tango ?
- **a)** au Mexique
- **b)** en Argentine
- **c)** en Espagne
- **d)** au Portugal

5 Quelle est la reine qui a été guillotinée lors de la Révolution française ?
- **a)** Marie-Antoinette
- **b)** Marie de Médicis
- **c)** Catherine de Médicis
- **d)** Anne d'Autriche

6 Qui a fait construire le métro de Montréal ?
- **a)** Jean Drapeau
- **b)** Pierre Bourque
- **c)** Michel Tremblay
- **d)** Gérald Tremblay

7 Quel était le dirigeant de l'armée française lors de la bataille des plaines d'Abraham ?
- **a)** Géronimo
- **b)** Montcalm
- **c)** Martin Luther King
- **d)** Gandhi

8 En quelle année a eu lieu l'exposition universelle se déroulant à Montréal ?
- **a)** en 1899
- **b)** en 1929
- **c)** en 1967
- **d)** en 1954

9 Comment surnommait-on le souverain Louis XIV ?
- **a)** le Petit Caporal
- **b)** le Bourreau
- **c)** le Roi-Soleil
- **d)** le Conquérant

10 Quelle langue parlait-on dans la Rome antique ?
- **a)** l'italien
- **b)** le romain
- **c)** le grec
- **d)** le latin

11 Le 11 novembre, quel symbole les anciens combattants distribuent-ils en souvenir des disparus de la Première Guerre mondiale ?

a) une feuille d'érable
b) un ruban rouge
c) un brin de muguet
d) un coquelicot

12 Qui a sculpté *Le Penseur* ?

a) Léonard de Vinci
b) Raphaël
c) Rodin
d) Michel-Ange

13 Qui a fondé la ville de Québec, en 1608 ?

a) Jacques Cartier
b) Samuel de Champlain
c) Christophe Colomb

Les sciences

14 Avec quel animal l'être humain a-t-il un ancêtre commun ?

a) le dauphin
b) le chimpanzé
c) le gorille
d) le lézard

15 Quel est l'animal terrestre le plus rapide du monde ?

a) le guépard
b) le colibri
c) l'autruche
d) le kangourou

16 Quelle est la plante dont se nourrit presque exclusivement le panda ?

a) le lichen
b) le bambou
c) le champignon
d) le myosotis

17 Qui est l'auteur de la théorie de la relativité ?

a) Isaac Newton
b) Archimède
c) Albert Einstein
d) René Descartes

18 L'ordre des planètes, à partir du Soleil, est :

a) Vénus, Mars, la Terre, Uranus, Jupiter, Neptune, Mercure, Saturne, Pluton
b) Mercure, Vénus, la Terre, Mars, Jupiter, Saturne, Uranus, Neptune, Pluton
c) Vénus, Mars, Mercure, la Terre, Jupiter, Pluton, Saturne, Neptune, Uranus
d) Mercure, Jupiter, Mars, Vénus, la Terre, Neptune, Uranus, Pluton, Saturne

19 Comment appelle-t-on le petit de la biche ?

a) le faon
b) le cerf
c) le bichon
d) Bambi

20 Quel est le nom de la première mission américaine à destination de la Lune ayant atteint son but ?

a) Apollo 11
b) Space Mission
c) Objectif lune 1
d) Moon 94

21 Parmi ces boissons, laquelle ne contient pas de caféine ?

a) le thé
b) le café
c) le cola
d) le chocolat chaud

22 Lequel de ces champignons est vénéneux ?

a) le bolet
b) la chanterelle
c) l'amanite tue-mouche

23 Comment surnomme-t-on la planète Mars ?
- a) la planète rouge
- b) la planète bleue
- c) la planète gazeuse

24 De quoi est principalement composée l'atmosphère terrestre ?
- a) d'oxygène
- b) d'azote
- c) de gaz carbonique

25 Quelles sont les dates du début et de la fin de l'automne ?
- a) du 23 septembre au 21 décembre
- b) du 31 août au 30 novembre
- c) du 20 septembre au 15 décembre

26 Quel élément contenu dans le lait est essentiel à la croissance des os ?
- a) le fer
- b) le fluor
- c) le calcium
- d) l'huile de canola

La géographie

27 Quelle est la capitale de l'Autriche ?
- a) Copenhague
- b) Vienne
- c) Oslo
- d) Stockholm

28 Quelle langue parle-t-on à Taiwan ?
- a) le japonais
- b) le chinois
- c) le coréen
- d) le taiwanais

29 Quelle est la monnaie de l'Angleterre ?
- a) l'euro
- b) le dollar anglais
- c) le franc
- d) la livre sterling

30 Quels sont les trois territoires du Canada ?
- a) le Québec, l'Ontario et le Nouveau-Brunswick
- b) Terre-Neuve, la Nouvelle-Écosse et l'Île-du-Prince-Édouard
- c) le Nunavut, le Yukon et les Territoires du Nord-Ouest

31 Quel est le pays européen ayant une réputation de neutralité ?
- a) la Russie
- b) la Suisse
- c) l'Allemagne

32 Comment appelle-t-on la mer où l'eau est la plus salée du monde ?
- a) la mer Morte
- b) la mer Rouge
- c) la mer Méditerranée
- d) la mer Salée

33 Dans quel type de climat le Québec se trouve-t-il ?
- a) un climat maritime
- b) un climat tempéré sec
- c) un climat tempéré humide
- d) un climat tropical

34 Quel est le fleuve le plus long du monde ?
- a) la Seine
- b) le Saint-Laurent
- c) le Nil
- d) l'Euphrate

35 Quelle est la ville possédant le plus d'habitants ?
- a) Mexico
- b) Tokyo
- c) New York
- d) Bombay

36 Lequel de ces territoires n'est pas un État américain ?

a) Yorkshire
b) Kansas
c) Nebraska
d) Alaska

37 Vrai ou faux ?

L'Arctique est un continent inhabité.

a) vrai
b) faux

38 Quelle direction indique l'étoile polaire ?

a) le sud
b) l'est
c) le nord
d) l'ouest

La littérature

39 Complète le proverbe : « Ventre affamé...

a) ...est malheureux. »
b) ...devient grognon. »
c) ...cesse de parler. »
d) ...n'a pas d'oreilles. »

40 Dans un poème, comment appelle-t-on un vers de douze pieds ?

a) un quatrain
b) un alexandrin
c) un sonnet
d) un décasyllabe

41 De quel écrivain est tirée cette citation : « Être ou ne pas être, telle est la question » ?

a) Victor Hugo
b) William Shakespeare
c) Napoléon Bonaparte
d) Charles Baudelaire

42 Lequel de ces écrivains n'est pas Québécois ?

a) Chrystine Brouillet
b) Michel Tremblay
c) Jules Verne

43 Dans *Harry Potter*, que signifie le mot *moldu* ?

a) une personne qui n'est pas dotée de pouvoirs magiques
b) une personne qui n'est pas née de parents sorciers
c) une personne qui peut communiquer par la pensée

44 Qui est le créateur de Tintin ?

a) Goscinny
b) Hergé
c) Peyo
d) Molière

45 Quel est le nom du plus vieux, mais du plus petit des Dalton ?

a) Rantanplan
b) Averell
c) Joe

46 Que signifie écrire en prose ?

a) écrire en faisant des rimes
b) écrire des chansons
c) écrire des scénarios de films
d) écrire avec les mêmes règles que celles du langage ordinaire

47 Quel est le livre le plus vendu dans le monde ?

a) le *Petit Robert*
b) la Bible
c) le *Livre des records Guinness*

48 Quelle est la morale de la fable *La Cigale et la Fourmi* ?

a) On doit travailler pour obtenir ce que l'on désire.
b) Il faut aider les gens dans le besoin.
c) Il n'y a pas de morale.

49 Qu'est-ce qu'un dramaturge ?

a) un auteur qui n'écrit que des drames
b) un poète déprimé
c) un écrivain de pièces de théâtre

Le sport

50 Que représentent les cinq anneaux olympiques ?

a) les cinq continents
b) les cinq villes grecques antiques qui participaient aux jeux
c) les cinq doigts de la main

51 Quelles sont les trois disciplines du triathlon ?

a) le tennis, l'escrime, la natation
b) la course à pied, la natation, la bicyclette
c) le lancer du poids, la perche, le saut en hauteur
d) l'escrime, la course à pied, la perche

52 Comment s'appelle le circuit de formule 1 utilisé pour le Grand Prix de Montréal ?

a) le circuit Jacques-Villeneuve
b) le circuit Jean-Drapeau
c) le circuit Gilles-Villeneuve
d) le circuit de la marmotte

53 Laquelle de ces nages n'est pas reconnue internationalement ?

a) le papillon
b) le crawl
c) la brasse
d) le dauphin

54 Où se sont déroulés les Jeux olympiques de 1976 ?

a) à Québec
b) à Montréal
c) à Sherbrooke
d) à Trois-Rivières

55 Laquelle de ces activités n'est pas une discipline sportive ?

a) la pêche
b) le tir à la carabine
c) le bridge
d) le scrabble

56 Vrai ou faux ?

Les Jeux paralympiques se déroulent parallèlement aux Jeux olympiques (en même temps).

a) vrai
b) faux

57 Avant d'entrer dans la Ligue nationale de hockey, quel est le niveau le plus élevé auquel un joueur doit accéder ?

a) Junior majeur
b) Senior majeur
c) Midget espoir

58 Au baseball, où est situé le lanceur ?

a) au centre du terrain
b) à dix pas du frappeur
c) dans le champ
d) sur un monticule

59 Comment appelle-t-on le cycliste qui mène la course lors du Tour de France ?

a) le leader
b) le chapeau blanc
c) le maillot jaune

60 Dans quelle célèbre course les participants doivent-ils traverser le désert du Sahara ?

a) le Paris-Dakar
b) les Vingt-Quatre Heures du Mans
c) le Marathon maudit

Les religions et les mythologies

61 Dans la mythologie grecque, qui est le maître des dieux ?

a) Apollon
b) Zeus
c) Mars
d) Jupiter

62 Le fondateur de l'islam est :

a) le prophète Isaïe ;
b) Abraham ;
c) Mahomet ;
d) le prophète Isaac.

63 Quel est l'autre nom donné au peuple juif ?

a) le peuple élu
b) le peuple de Jérusalem
c) les enfants de Yahvé

64 Lequel de ces personnages est un évangéliste (une personne qui a écrit un des Évangiles du Nouveau Testament) ?

a) Michel
b) François
c) Matthieu
d) Tristan

65 Quelle est la religion du dalaï-lama ?

a) l'islam
b) l'athéisme
c) le bouddhisme

66 Dans quelle ville est né Jésus-Christ ?

a) Bethléem
b) Babylone
c) Bagdad
d) Jérusalem

67 Les trois grandes religions monothéistes sont :

a) l'islam, le bouddhisme et le judaïsme
b) le judaïsme, le christianisme et l'islam
c) le christianisme, l'hindouisme et l'islam

68 Quelle est la religion des fakirs indiens ?

a) le fétichisme
b) le yoga
c) l'hindouisme
d) le protestantisme

69 Dans l'ancienne Égypte, les pyramides occupaient un rôle religieux. Lequel ?

a) celui de temples pour effectuer des sacrifices aux dieux
b) celui de tombeaux pour les pharaons
c) celui de résidences pour les prêtres

70 Dans la mythologie grecque, Hercule est :

a) un demi-dieu ;
b) un forgeron ;
c) le premier marathonien ;
d) le chef des sirènes.

La musique

71 Lequel de ces instruments n'est pas un instrument à cordes ?

a) le piano
b) la contrebasse
c) le violoncelle
d) le tuba

72 Quel célèbre chansonnier québécois a composé la chanson *Mon pays* ?

a) Félix Leclerc
b) Gilles Vigneault
c) Jean Leloup
d) Luc Plamondon

73 Quel est le type de musique inventé par les Afro-Américains pour animer les célébrations religieuses ?

a) le *gospel*
b) les chants grégoriens
c) le jazz
d) le disco

74 Lequel de ces personnages a composé la *Sonate au clair de lune* ?

a) Mozart
b) Beethoven
c) Chopin

75 Comment appelle-t-on la faculté de quelqu'un de percevoir sans aucune aide la note produite par n'importe quel son ?

a) l'oreille exacte
b) l'oreille absolue
c) l'ouïe parfaite
d) l'ouïe rare

76 Quelle note donne un diapason ?

a) le *do*
b) le *la*
c) toutes les notes
d) le *fa* dièse

77 Lequel de ces instruments peut-on retrouver dans une harmonie ?

a) le violon
b) l'harmonica
c) le trombone

78 Laquelle de ces œuvres est du compositeur Vivaldi ?

a) *Les Quatre Saisons*
b) *La Flûte enchantée*
c) *Les Polonaises*
d) *Frère Jacques*

79 Qu'est-ce qu'un canon ?

a) C'est un instrument à vent.
b) C'est un instrument à percussion.
c) C'est une mélodie chantée à mi-voix pour endormir les enfants.
d) C'est une mélodie chantée à plusieurs voix, ces dernières commençant à des temps différents.

80 Avec l'aide de quels muscles l'être humain produit-il des sons qui lui permettent de chanter une mélodie ?

a) les cordes vocales
b) les conduits nasaux
c) la gorge et la bouche
d) les maxillaires supérieurs

81 Qui a fait connaître le *rock and roll* ?

a) Éric Lapointe
b) les Beatles
c) Elvis Presley
d) les Rolling Stones

La citoyenneté

82 Au Canada, à partir de quel âge un citoyen peut-il voter ?

a) 16 ans
b) 18 ans
c) 19 ans
d) 21 ans

83 Au Canada, quel est le tribunal ayant le pouvoir de décision le plus important ?

a) la Cour de justice supérieure
b) la Cour suprême
c) le Tribunal constitutionnel

84 Comment appelle-t-on, dans un régime démocratique, le parti politique occupant la deuxième position par rapport aux voix obtenues ?

a) l'opposition
b) le deuxième parti
c) l'adversaire
d) le vice-gouvernement

85 Qu'est-ce qu'un syndicat ?

a) C'est un mouvement révolutionnaire d'extrême droite.

b) C'est une association de travailleurs défendant leurs intérêts.

c) C'est un organisateur de manifestations.

d) C'est une association protégeant les consommateurs.

86 Le territoire du Québec est divisé en plusieurs circonscriptions, chacune représentée par :

a) un ministre ;

b) un maire ;

c) un député ;

d) un colonel.

87 Le régime politique du Canada est basé sur celui d'un autre pays. Lequel ?

a) la France

b) les États-Unis

c) la Grande-Bretagne

88 Lequel de ces pays ne fait pas partie du G8 ?

a) le Canada

b) le Japon

c) l'Italie

d) Cuba

89 Que signifie le sigle ONU ?

a) Organisation Nationale des Universités

b) Ordre du Nouvel Univers

c) Organisation des Nations Unies

d) Organisme des Navigateurs Unis

90 À quoi sert la carte d'assurance-maladie ?

a) à recevoir des soins de santé gratuits

b) à se protéger des virus infectieux

c) à pouvoir pénétrer dans un hôpital

91 Lequel de ces produits ayant été acquis dans un autre pays doit être déclaré aux douaniers ?

a) un jean

b) une bouteille de vin

c) un foulard en soie

d) une boîte de chocolats

92 Quels pays font partie de l'ALENA ?

a) la Russie, les États-Unis et l'Australie

b) la France, la Grande-Bretagne et l'Allemagne

c) le Canada, les États-Unis et le Mexique

L'informatique

93 Comment prononce-t-on ce signe : @ ?

a) arobas

b) arabis

c) arabos

94 Lequel de ces logiciels n'a pas été créé par la société Microsoft ?

a) Excel

b) Word

c) Photoshop

95 Quelle est l'unité de mesure utilisée pour mesurer l'espace dans un ordinateur ?

a) le nœud

b) le pied

c) l'octet

d) le carat

Corrigé

Se préparer en mathématique

Le sens et l'écriture des nombres

1 sept cent soixante-dix-sept mille sept cent soixante-dix-sept

Il ne faut pas omettre les traits d'union entre les mots qui représentent des quantités inférieures à 100. Ce nombre s'écrit en chiffres 777 777.

2 661 425

Dans notre système de numération en base dix, chaque groupement de dix se transforme en un élément de la position supérieure. Si l'on transforme 15 unités en 1 dizaine et 5 unités, 21 dizaines en 2 centaines et 1 dizaine, et ainsi de suite pour chacune des positions, on obtient finalement 661 425.

3 a) 69 999

4 1 100

La partie gauche de l'égalité représente le nombre 15 475, soit 10 000 (1×10^4) + 5 000 (50 centaines) + 450 (45 dizaines) + 20 (2×10) + 5. La partie de droite représente 14 375, soit 14 000 (140 centaines) + 360 (36×10) + 15 unités. Pour que 1<u>4 3</u>75 égale 1<u>5 4</u>75, il faut donc ajouter 1 100.

5 22 billets

Pour utiliser le moins de billets possible, la caissière ne remettra au client que des billets ayant la plus grande valeur possible, soit 18 billets de 100 $, 1 billet de 50 $, 2 billets de 20 $ et 1 billet de 5 $.

6 8 billets de 100 $, 21 billets de 50 $, 3 billets de 10 $ et 3 billets de 5 $.

Pour utiliser 35 billets au lieu de 22, il faut que certains billets aient été échangés contre d'autres d'une valeur inférieure. Ici, on a échangé 10 billets de 100 $, contre 20 billets de 50 $, et 2 billets de 20 $ contre 3 billets de 10 $ et 2 billets de 5 $.

7 d) 404 040

Notre système de numération utilise les groupements de dix, donc la base dix. À la position des unités, aucun groupement n'a encore été effectué, c'est pourquoi cette position est représentée par 10^0. À la position des dizaines, on groupe une fois pour former des paquets de 10, d'où 10^1. Aux centaines, on groupe une deuxième fois, d'où 10^2. Il en va de même pour les autres positions. Donc, $4 \times 10^5 = 400\,000$, $4 \times 10^3 = 4\,000$ et $4 \times 10^1 = 40$.

8 A : 1 000
B : 750
C : 1 300

Il faut d'abord utiliser les deux points de repère : 900 et 1 200. Entre ces deux nombres, il y a une différence de 300 et un espace sur la droite numérique constitué de 6 parties égales. Chaque espace correspond donc à une quantité de 50 ($300 \div 6$). Donc A correspond à $900 + 2 \times 50 = 1\,000$; B correspond à $900 - 3 \times 50 = 750$; C correspond à $1\,200 + 2 \times 50 = 1\,300$.

9 d) 1, 3 et 5

L'expression 2^5 signifie $2 \times 2 \times 2 \times 2 \times 2$ ou 32, ce qui est équivalent à 4×8.

10 b) 5 499

Les nombres qui peuvent être arrondis à 5 000 vont de 4 500 à 5 499. Les nombres inférieurs à 4 500, comme 4 490 et 4 499, sont arrondis à 4 000 et ceux qui sont supérieurs à 5 499, comme 5 501, sont arrondis à 6 000.

11 b) 2 et 3

Dans une fraction, le dénominateur indique en combien de parties égales on a séparé un tout, et le numérateur, le nombre de parties qui nous intéressent. La fraction $\frac{12}{8}$ indique que le ou les gâteaux ont été séparés en 8 parts égales et qu'en conséquence, chaque enfant a mangé $\frac{1}{8}$ du gâteau. Le numérateur indique que 12 parts ont été mangées; il y avait donc 12 enfants à la fête. Le numérateur étant supérieur au dénominateur, on comprend qu'il a fallu couper plus d'un gâteau. On a donc coupé deux gâteaux, obtenant ainsi $\frac{16}{8}$, les enfants ont mangé $\frac{12}{8}$ et il est resté $\frac{4}{8}$ ou la moitié du deuxième gâteau.

12 $\frac{8}{20}$, $\frac{4}{10}$ ou $\frac{2}{5}$

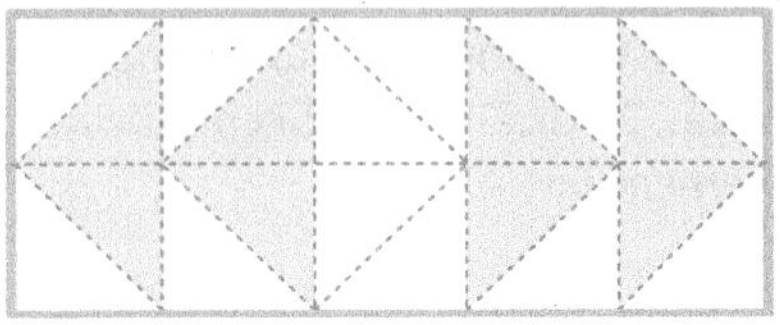

13 Les figures a) et c)

En effet, elles ont chacune la moitié de leur surface ombrée.

a) 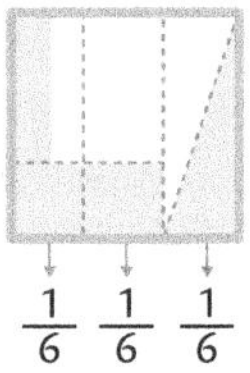

b) 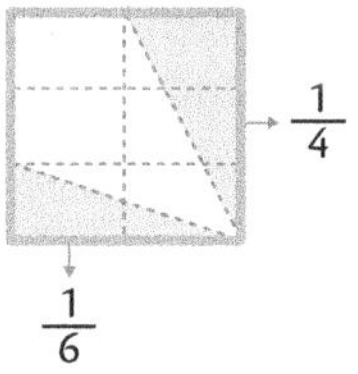

c) 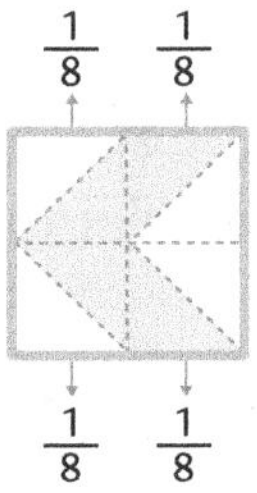

a) $\frac{1}{6} + \frac{1}{6} + \frac{1}{6} = \frac{3}{6} = \frac{1}{2}$

b) $\frac{1}{4} + \frac{1}{6} = \frac{3}{12} + \frac{2}{12} = \frac{5}{12}$

c) $4 \times \frac{1}{8} = \frac{4}{8} = \frac{1}{2}$

14 Son frère

Dans une fraction, le dénominateur indique en combien de parts égales un tout a été partagé. Lorsqu'on partage le trajet de la maison à l'école en sept parts égales, chacune de celles-ci est plus grande que si le même trajet est divisé en huit. On retient que plus le dénominateur d'une fraction est grand, plus la fraction est petite.

15 b) Charlotte

Charlot a mangé les $\frac{8}{9}$ de sa tablette alors que Charlotte en a mangé les $\frac{9}{10}$. Au lieu de comparer ces deux fractions qui n'ont ni le même numérateur ni le même dénominateur, considérons plutôt les fractions de tablette qu'il reste, car celles-ci auront le même numérateur, ce qui facilitera le travail. Charlot a encore $\frac{1}{9}$ à manger, et Charlotte, $\frac{1}{10}$, ce qui est un morceau plus petit, car le dénominateur est plus grand. C'est donc Charlotte qui a mangé la plus grande fraction.

16 c) $\{\frac{2}{3}, \frac{4}{5}, \frac{7}{8}\}$

À chacune des fractions, il manque une part pour constituer l'entier. On peut, comme à l'exercice précédent, comparer les parts qui manquent: $\frac{1}{3} > \frac{1}{5} > \frac{1}{8}$.

17 d) $\frac{8}{7}$ est la plus grande et $\frac{4}{9}$ est la plus petite.

Pour trouver la solution, il faut comparer ces fractions à l'unité ou à $\frac{1}{2}$. Parmi les fractions proposées, une seule a un numérateur supérieur au dénominateur, c'est donc la seule supérieure à l'unité et, par conséquent, c'est la plus grande.

Pour les autres, on prend $\frac{1}{2}$ comme point de repère. Seule la fraction $\frac{4}{9}$ a un numérateur inférieur à la demie du dénominateur. C'est donc la plus petite.

18 Réponses possibles: $\frac{5}{9}$, $\frac{6}{9}$, $\frac{7}{9}$, ... sont des fractions supérieures à $\frac{1}{2}$, puisque la demie de 9 se situe entre 4 et 5.

19 Réponses possibles: $\frac{5}{11}$, $\frac{5}{12}$, $\frac{5}{13}$, ...

$\frac{1}{2} = \frac{5}{10}$. Si j'augmente le chiffre du dénominateur, j'obtiens des fractions inférieures à $\frac{5}{10}$.

20 Réponses possibles: $\frac{8}{7}$, $\frac{9}{7}$, $\frac{10}{7}$, ...

Toute fraction dont le numérateur est plus grand que le dénominateur est supérieure à un entier. Donc, $\frac{8}{7}$, $\frac{9}{7}$, $\frac{10}{7}$, ... sont supérieures à un entier.

21 $\frac{16}{8}$

Pour qu'une fraction soit égale à deux entiers, il faut que son numérateur soit deux fois plus grand que son dénominateur.

22 c) 65 %

On transforme $\frac{3}{5}$ en $\frac{60}{100}$ en multipliant le numérateur et le dénominateur par 20. On transforme 0,7 en $\frac{7}{10}$ puis en $\frac{70}{100}$ en multipliant le numérateur et le dénominateur par 10. La note de Cédric est donc supérieure à 60, mais inférieure à 70.

23 b) $\{\frac{3}{4}$, 75 %$\}$

La fraction $\frac{18}{24}$ représente la fraction occupée par les roses. On réduit cette fraction en divisant le numérateur et le dénominateur par 6 et on obtient $\frac{3}{4}$. En multipliant cette fois le numérateur et le dénominateur par 25, on obtient $\frac{75}{100}$ ou 75 %.

24 b) 67,5 %

Exprimer une fraction en pourcentage, c'est l'exprimer en centièmes. Les Schtroumpfs qui mesurent moins d'un mètre représentent $\frac{675}{1\,000}$ ou 0,675 de la population. Dans 0,<u>67</u>5, il y a 67 centièmes; 67,5 % est donc la seule solution possible.

25 b) $\frac{6}{5}$

Le symbole % étant l'équivalent de « centièmes » ou « sur cent », 120 % peut s'écrire $\frac{120}{100}$.
En divisant le numérateur et le dénominateur par 20, on obtient $\frac{6}{5}$.

26 a) 100,05

b) 905,305

c) 7,007

d 90,036

27 a) 303,305
b) 40,003
c) 2 010,56
d) 301,501

28 d) {30,33 ; 30,3 ; 30,03}
Il est facile de comparer des nombres décimaux s'ils ont le même nombre de chiffres après la virgule. Les parties fractionnaires placées à droite de la virgule portent alors le même nom ; c'est comme si elles avaient un dénominateur commun. Puisque tous les nombres proposés ont la même partie entière (30 unités), il ne reste qu'à comparer leur partie fractionnaire. Or, $\frac{33}{100} > \frac{30}{100} > \frac{3}{100}$.

29 3,0 3,8 6,06 6,6 8,6 60,06 60,6 66,08 66,8 606
Un nombre décimal est composé d'une partie entière située à gauche de la virgule et d'une partie fractionnaire située à droite de la virgule. Comme à l'exercice précédent, il faut d'abord transformer les parties fractionnaires de façon à ce qu'elles comportent toutes le même nombre de centièmes : 3,8<u>0</u> – 6,6<u>0</u> – 8,6<u>0</u> – 60,6<u>0</u> – 66,8<u>0</u> – 606,<u>00</u>. On compare ensuite les nombres en tenant compte d'abord de la partie entière (centaines, dizaines, unités), puis de la partie fractionnaire (dixièmes, centièmes). Il va sans dire qu'on compare les nombres en tenant compte, dans l'ordre, des positions ayant la plus grande valeur.

30 a) 45 % 0,05 0,495 0,12 $\frac{3}{7}$
b) 50 % $\frac{11}{22}$ 0,50
c) 1,2 55 % $\frac{7}{12}$ 0,51

Les fractions égales à $\frac{1}{2}$ sont 0,5, 0,50 et 0,500 en nombres décimaux, et 50 % en pourcentage. Pour les fractions ordinaires, il faut considérer si le numérateur est égal à la moitié du dénominateur.

31 b) $\{0,35 ; \frac{7}{20}\}$
Pour comparer les fractions, il faut les mettre sous la même forme, c'est-à-dire en fraction ordinaire, en pourcentage ou en nombre décimal :

a) $\frac{3}{4} = \frac{75}{100} = 0,75 = 75\,\%$

b) $0,35 = \frac{35}{100} = \frac{7}{20} = 35\,\%$

c) $85\,\% = 0,85 = \frac{85}{100} = \frac{17}{20}$

d) $\frac{7}{8} = \frac{875}{1\,000} = 0,875 = 87,5\,\%$

32 c) $\{4\frac{2}{5}, \frac{22}{5}\}$
Dans 4 entiers, il y a $\frac{20}{5}$ ($4 \times \frac{5}{5}$), auxquels on ajoute les $\frac{2}{5}$ supplémentaires.

33 d) Les deux garçons ont obtenu une note de 80 %.
Luis : $\frac{4}{5} = \frac{80}{100}$
Catherine : 100 % – 15 % = 85 %
Simon : 100 % – (15 % + 5 %) = 80 %

34 b) 0,75 des billes sont rouges ou jaunes.
Les billes rouges représentent $\frac{4}{10}$ ou $\frac{40}{100}$ ou 40 % de l'ensemble.
Les billes bleues représentent $\frac{2}{10}$ ou $\frac{20}{100}$ ou 20 % de l'ensemble.
Les billes vertes représentent $\frac{1}{10}$ ou $\frac{10}{100}$ ou 10 % de l'ensemble.

Les billes jaunes représentent $\frac{3}{10}$ ou $\frac{30}{100}$ ou 30 % de l'ensemble.

Les billes qui sont rouges ou jaunes totalisent 70 % et non 75 % (0,75) de l'ensemble.

Si on ajoutait un deuxième sac de billes identique au premier, le % de billes rouges resterait le même puisqu'on aurait alors 8 billes rouges sur 20, or $\frac{8}{20} = \frac{4}{10}$.

Les opérations

35 a) 3 600 b) 3 400 c) 6 140 d) 6 590

Lorsqu'on effectue un calcul mentalement, on doit conserver le premier nombre dans sa tête et décomposer le deuxième en parties qu'on ajoute une à la fois au premier nombre. Il faut toujours être à l'affût des nombres qui ont pour somme un nombre arrondi comme 10, 20, …, 100.

a) $2\,325 + 1\,275 = \overset{2\,400}{(2\,325 + 75)} + 1\,000 + 200 = 3\,600$

b) $1\,099 + 2\,301 = \overset{1\,100}{(1\,099 + 1)} + 2\,000 + 300 = 3\,400$

c) $4\,033 + 2\,107 = \overset{4\,040}{(4\,033 + 7)} + 2\,000 + 100 = 6\,140$

d) $6\,078 + 512 = \overset{6\,090}{(6\,078 + 12)} + 500 = 6\,590$

36 a) 12 624 b) 12 090 c) 6 311 d) 2 801

Calculer en commençant par la position des unités et en utilisant les retenues et les emprunts constitue une technique de calcul écrit. En calcul mental, il vaut mieux commencer par la gauche et procéder par décomposition, en choisissant le chemin le plus efficace.

a) 15 000 − 2 376 = 15 000 − 2 000 = 13 000
13 000 − 300 = 12 700
12 700 − 70 = 12 630
12 630 − 6 = 12 624

b) 13 540 − 1 450 = 13 540 − 1 000 = 12 540
12 540 − 400 = 12 140
12 140 − 50 = 12 090

c) 10 000 − 3 689 = 10 000 − 3 000 = 7 000
7 000 − 600 = 6 400
6 400 − 80 = 6 320
6 320 − 9 = 6 311

d) 4 000 − 1 199 = 4 000 − 1 000 = 3 000
3 000 − 100 = 2 900
2 900 − 99 = 2 801

37 a) 16 000

Pour estimer un produit, il faut arrondir les nombres : 386 × 36 = 400 × 40 = 16 000.
Lorsqu'on multiplie des nombres se terminant par des zéros, il suffit de multiplier les entiers et d'ajouter à la réponse le nombre de zéros contenus dans les deux nombres multipliés.

38 a) 240 000

b) Non

c) 237 276

39 Cocher a) et c).

a) Si on dresse une liste des possibilités à l'aide d'un diagramme, on se rend compte que chaque sorte de soupe entraîne la composition de quatre menus différents. Il y a donc en tout huit (2 × 4) menus différents.

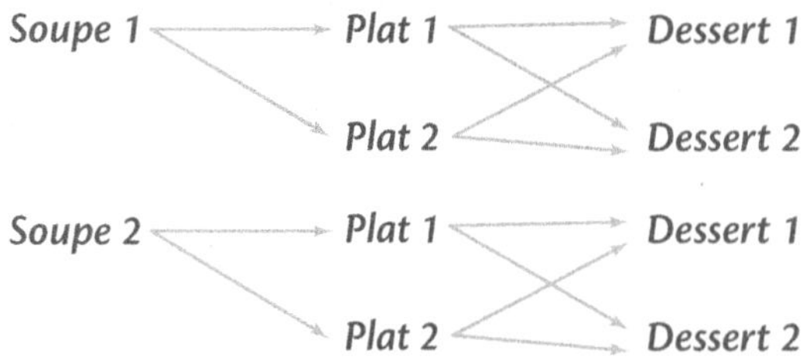

On peut aussi procéder en multipliant le nombre de possibilités différentes pour chaque mets : $2 \times 2 \times 2 = 8$.

c) Jules pourrait additionner : 12,95 $ + 12,95 $ + 9,95 $ + 9,95 $ + 9,95 $ + 9,95 $. Il épargne beaucoup de temps en remplaçant les additions de termes identiques par des multiplications : (2 × 12,95 $) + (4 × 9,95 $).

Les problèmes b) et d) se résolvent à l'aide de divisions.

40 c) 4 572 est un multiple de 20.

Dans une multiplication, les facteurs sont les deux nombres qu'on multiplie pour obtenir le résultat qu'on appelle le produit. Aussi 4 572 et 20 sont-ils des facteurs du produit 91 440.

Les multiples d'un nombre sont les produits de ce nombre multiplié par tous les nombres naturels (0, 1, 2, 3, ...). En conséquence, 91 440 est un multiple de 4 572 et de 20.

41 24, 16, 12

Les facteurs de 48 sont : 1 × 48, 2 × 24, 3 × 16, 4 × 12 et 6 × 8.

42 60, 30, 20

Les facteurs de 60 sont : 1 × 60, 2 × 30, 3 × 20, 4 × 15, 5 × 12 et 6 × 10.

43 60

Les multiples de 12 sont 0, 12, 24, 36, 48, 60, ...

44 4, 8, 12, 24, 36, 72

Les diviseurs de 72 sont : 1, 2, 3, 4, 6, 8, 9, 12, 18, 24, 36, 72.

Les nombres soulignés sont des multiples de 4 puisqu'on peut les diviser par 4 sans reste.

45 d) dans 60 jours

Après cette rencontre au gymnase, les trois enfants reviendront s'entraîner selon la séquence suivante :
Marilou : jours 3, 6, 9, 12, ..., 54, 57, 60 (les multiples de 3) ;
John : jours 4, 8, 12, 16, ..., 52, 56, 60 (les multiples de 4) ;
Suzie : jours 5, 10, 15, 20, ..., 50, 55, 60 (les multiples de 5).

Pour résoudre ce problème, il faut donc trouver le PPCM, c'est-à-dire le plus petit multiple commun à 3, à 4 et à 5, soit 60.

46 a) {2, 3, 5, 7, 11, 13, 17, 19}

Un nombre premier est un nombre qui n'a que deux diviseurs : 1 et lui-même. Rappelons-nous que 0 et 1 ne sont pas des nombres premiers ; 2 est le seul nombre premier pair.

47 60

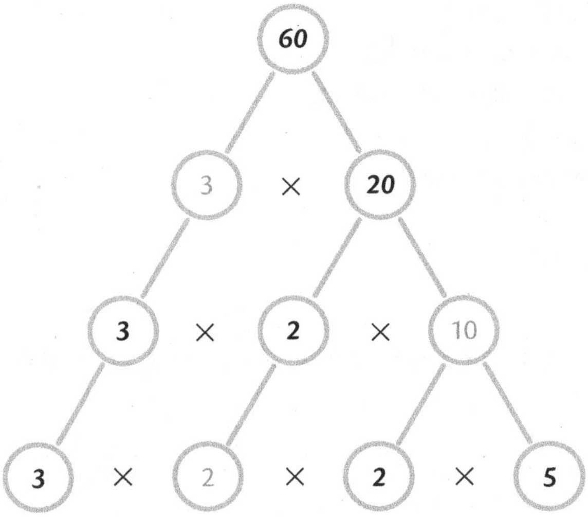

48

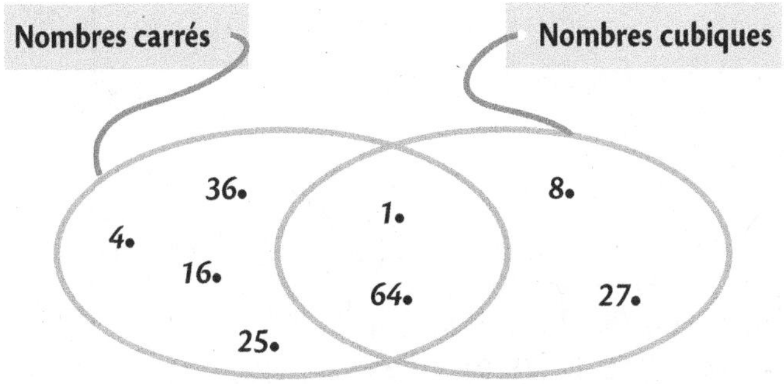

Les nombres carrés sont le produit d'un nombre multiplié par lui-même :

$1 = 1 \times 1 = 1^2$;
$4 = 2 \times 2 = 2^2$;
$16 = 4 \times 4 = 4^2$;
$25 = 5 \times 5 = 5^2$;
$36 = 6 \times 6 = 6^2$;
$64 = 8 \times 8 = 8^2$.

Si on multiplie à nouveau le nombre par lui-même, on obtient un nombre cubique :

$1 = 1 \times 1 \times 1 = 1^3$;
$8 = 2 \times 2 \times 2 = 2^3$;
$27 = 3 \times 3 \times 3 = 3^3$;
$64 = 4 \times 4 \times 4 = 4^3$.

49 a) Oui, car le chiffre des unités est 0.

(Un nombre est divisible par 2 si le chiffre de ses unités est pair : 0, 2, 4, 6 ou 8.)

b) Oui, car la somme des chiffres $(1 + 5 = 6)$ se divise par 3.

(Un nombre est divisible par 3 si la somme de ses chiffres se divise par 3.)

c) Oui, car le nombre se termine par 00.

(Un nombre est divisible par 4 si ses deux derniers chiffres sont 00 ou s'ils se divisent par 4.)

d) Oui, car le chiffre des unités est 0.

(Un nombre est divisible par 5 si le chiffre de ses unités est 0 ou 5.)

e) Oui, car il est pair et divisible par 3.

(Un nombre est divisible par 6 s'il est divisible à la fois par 2 et par 3.)

f) Non, car les trois derniers chiffres (500) ne se divisent pas par 8 sans reste.

(Un nombre est divisible par 8 si ses 3 derniers chiffres sont 000 ou s'ils se divisent par 8.)

g) Non, car la somme des chiffres (6) n'est pas divisible par 9.

(Un nombre est divisible par 9 si la somme de ses chiffres se divise par 9.)

h) Oui, car le nombre se termine par 0.

(Un nombre est divisible par 10 s'il se termine par un zéro.)

50 37 timbres

Comme le marchand sépare le lot de timbres en paquets égaux de 3, 4, 5, ou 6, on doit rechercher les multiples de ces nombres en leur additionnant les timbres en trop.

Les multiples de 5 : 5, 10, 15, 20, 25, 30, 35, ...
Ces multiples augmentés de 2 : 7, 12, 17, 22, 27, 32, <u>37</u>, ...

Les multiples de 6 : 6, 12, 18, 24, 30, 36, ...
Ces multiples augmentés de 1 : 7, 13, 19, 25, 31, <u>37</u>, ...

Les multiples de 4 : 4, 8, 12, 16, ... , 28, 32, 36, ...
Ces multiples augmentés de 1 : 5, 9, 13, 17, ... , 29, 33, <u>37</u>, ...

Les multiples de 3 : 3, 6, 9, 12, ... , 30, 33, 36, ...
Ces multiples augmentés de 1 : 4, 7, 10, 13, ... , 31, 34, <u>37</u>, ...

Le marchand a donc 37 timbres à vendre.

51 60, 72 et 96

Le nombre 60 a 12 diviseurs : (1, 60), (2, 30), (3, 20), (4, 15), (5, 12), (6, 10).

Le nombre 72 a 12 diviseurs : (1, 72), (2, 36), (3, 24), (4, 18), (6, 12), (8, 9).

Le nombre 80 a 10 diviseurs : (1, 80), (2, 40), (4, 20), (5, 16), (8, 10).

Le nombre 96 a 12 diviseurs : (1, 96), (2, 48), (3, 32), (4, 24), (6, 16), (8, 12).

Le nombre 100 a 9 diviseurs : (1, 100), (2, 50), (4, 25), (5, 20), (10).

52 Cocher a), b) et d).

a) Après avoir enlevé le pantalon du montant total (104,80 $ − 25 $ = 79,80 $), il faut partager le reste en quatre parties égales, donc effectuer une division.

b) Une heure comportant 60 minutes, on cherche le nombre de fois que 60 est contenu dans 1 080 en effectuant une division.

d) On sait que les 5 120 arbres sont partagés en 80 rangées égales. À l'aide d'une division, on cherche le nombre d'arbres contenus dans chaque rangée (5 120 ÷ 80). Pour résoudre le problème, il faut ensuite multiplier par 25.

Le problème c) se résout à l'aide de multiplications et d'additions.

53 675

L'énoncé traduit la situation suivante : ? ÷ 5 = 135. Pour chercher le dividende, il faut exécuter l'opération contraire, soit une multiplication ; 135 × 5 = 675.

54 150

L'énoncé traduit la situation suivante : 3 600 ÷ ? = 24. Pour chercher le diviseur, il faut diviser le dividende par le quotient ; 3 600 ÷ 24 = 150.

55 a) 36 b) 202 c) 103 d) 203

Connaître à l'avance le nombre de chiffres contenus dans la réponse permet de vérifier la solution trouvée, surtout si celle-ci contient un zéro.

a) Dans la division 864 ÷ 24, on divise d'abord 86 dizaines; la réponse comportera donc deux chiffres (dizaines et unités).

b) Dans la division 5 050 ÷ 25, on divise d'abord 50 centaines; la réponse comportera donc 3 chiffres (centaines, dizaines et unités).

c) Dans la division 3 090 ÷ 30, on divise d'abord 30 centaines; la réponse comportera donc 3 chiffres (centaines, dizaines et unités).

d) Dans la division 2 842 ÷ 14, on divise d'abord 28 centaines; la réponse comportera donc 3 chiffres (centaines, dizaines et unités).

56 a) 7,6

b) 211,7

c) 205,2

d) 255,2

Le reste d'une division peut être exprimé à l'aide d'une fraction décimale. On peut, dès le départ, ajouter des positions au dividende. Par exemple, puisqu'on exige dans cet exercice de poursuivre jusqu'aux dixièmes, on peut déjà écrire les dividendes en y ajoutant une position des dixièmes: 46,0; 847,0; 1 026,0; 2 042,0.

Comme on l'a fait précédemment, il faut en premier lieu prévoir combien il y aura de positions à la réponse et insérer la virgule au bon endroit.

Exemples: Dans la division 46, 0 ÷ 6, je divise d'abord 46 unités; la première position de la réponse sera donc celle des unités. On introduit ensuite la virgule et on poursuit la division pour obtenir des dixièmes.

57 1, 1 et 720

Il faut en premier lieu trouver la règle qui a permis de construire cette suite. De 2 à 6, on a multiplié par 3. De 6 à 24, on a multiplié par 4. De 24 à 120, on a multiplié par 5. La règle est donc: × 1, × 2, × 3, × 4, × 5, × 6, etc.

Pour trouver le dernier nombre, il faut donc multiplier par 6 (120 × 6 = 720).

Pour trouver les deux premiers nombres, il faut effectuer l'opération inverse de celle qui a présidé à la construction de la suite, soit ÷ 2 et ÷ 1.

On obtient ainsi 1 (2 ÷ 2) et 1 (1 ÷ 1).

58 36

Cette cible est construite selon une régularité: +2. Les 6 rangées contiendront donc 36, soit 1 + 3 + 5 + 7 + 9 + 11.

59 la distributivité

Grâce à cette propriété, la multiplication par 4 est distribuée sur chaque position du nombre 38, soit 4 × 30 et 4 × 8. L'application de cette propriété simplifie le calcul mental, car il est facile d'additionner les deux produits obtenus, soit 120 (4 × 30) et 32 (4 × 8), ce qui donne 152.

60 a) 4 × 26 = (4 × 20) + (4 × 6) = 80 + 24 = 104

b) 3 × 37 = (3 × 30) + (3 × 7) = 90 + 21 = 111

c) 5 × 35 = (5 × 30) + (5 × 5) = 150 + 25 = 175

d) 6 × 18 = (6 × 10) + (6 × 8) = 60 + 48 = 108

61 c) 12

S'il n'y a pas de parenthèses dans une chaîne d'opérations, il faut d'abord effectuer les multiplications et les divisions dans l'ordre où elles apparaissent. Les additions et les soustractions sont effectuées en second lieu :

$10 + \underbrace{7 \times 2} - \underbrace{3 \times 4} =$

$\underbrace{10 + 14} - 12 =$

$24 - 12 = 12$

62 $45 \div 3 + 2 \times 5 = 25$

En respectant la priorité des opérations, on obtient : $\underbrace{45 \div 3} + \underbrace{2 \times 5} =$

$15 + 10 = 25$

63 a) $100 \div (3 + 1) \times 3 = 75$ $

On cherche le montant que sa sœur et lui déposent : $3 + 1 = 4$.
On cherche combien de fois ce dépôt a été effectué : $100 \div 4 = 25$.
On cherche le montant déposé par Marcus : $25 \times 3 = 75$ $.

b) $(72 - 6) \div 2 = 33$ ans

On enlève du total des âges les années que mon père a en plus afin d'obtenir le total que représenterait l'âge de mes parents s'ils avaient le même âge : $72 - 6 = 66$.
On cherche l'âge de ma mère : $66 \div 2 = 33$.
(Pour trouver l'âge de mon père, il suffirait de lui redonner les 6 ans qu'il a en plus : $33 + 6 = 39$.)

c) $(30 + 15 - 40) \times 2 = 10$ billes

La situation décrite dans le problème peut être décrite ainsi : $? \div 2 + 40 - 15 = 30$.
Pour trouver le nombre de billes que mon frère possédait au début, il faut faire le chemin inverse en effectuant les opérations contraires : $30 + 15 = 45$; $45 - 40 = 5$; $5 \times 2 = 10$.

d) $(4 \times 85) + (4 \times 75) = 640$ km

On cherche la distance parcourue par le premier train : $85 \times 4 = 340$.
On cherche la distance parcourue par le deuxième train : $75 \times 4 = 300$.
On cherche la distance qui sépare les deux trains : $340 + 300 = 640$.
(Il faut additionner, car les deux trains se dirigeant dans des directions opposées, ils s'éloignent de plus en plus l'un de l'autre.)

e) $(85 - 75) \times 3 = 30$ ou $(85 \times 3) - (75 \times 3) = 30$ km

On cherche la distance qui sépare les deux trains à chaque heure : $85 - 75 = 10$.
On cherche la distance qui les sépare après trois heures : $10 \times 3 = 30$.

f) $(15 \times 100) - (300 + 40) = 1\,160$ $

On cherche le montant rapporté par la vente : $15 \times 100 = 1\,500$ $.
On cherche le montant des dépenses engagées : $300 + 40 = 340$ $.
On cherche le profit réalisé : $1\,500 - 340 = 1\,160$ $.

64 a) 259,96

260, 38 + 0,08 = 260,46 ; 260,46 − 0,5 = 259, 96

65 a) 14,05

b) 300,145

Comme toujours en calcul mental, il faut sectionner les nombres et commencer à opérer sur les positions ayant la plus grande valeur.

a) 10 unités + 3 unités = 13 unités ; 55 centièmes + 50 centièmes = 1 unité et 5 centièmes ; 13 + 1,05 = 14,05.

b) 600 unités − 300 unités = 300 ; 150 millièmes − 5 millièmes = 145 millièmes ; 300 + 0,145 = 300,145.

66 a) 320 b) 45 c) 20 d) 78

Pour estimer la réponse, il faut arrondir les termes des additions et des soustractions.

a) $8 \times 40 = 320$

b) $90 \div 2 = 45$

c) $2 + 1 + 4 + 13 = 20$

d) $100 - 10 - 12 = 78$

67 a) 9,40 b) 16,1 c) 48,15 d) 5,01

Pour placer la virgule au bon endroit dans le produit, on compte généralement le nombre de chiffres placés après la virgule dans les facteurs qui sont multipliés. Ici, il faut se méfier de ce procédé, car si le produit se termine par des zéros, ceux-ci n'apparaissent pas dans la réponse. Il vaut mieux se fier à la valeur des nombres multipliés.

a) $4 \times 2 = 8$, donc la réponse ne peut être que 9,4.

b) $8 \times 2 = 16$, donc la réponse ne peut être que 16,1.

c) $16 \times 3 = 48$, donc la réponse ne peut être que 48,15.

d) $1 \times 5 = 5$, donc la réponse ne peut être que 5,01.

68 Encercler a) et c).

Ce sont les deux seules multiplications qui ne comportent que deux chiffres après la virgule.

69 a) 0,84 b) 3,4 c) 8,34 d) 3,04

a) On divise 2 entiers par 3, le quotient est donc inférieur à 1 unité.

b) On divise 13 unités par 4, le quotient comporte donc 3 unités.

c) On divise 25 unités par 3, le quotient comporte donc 8 unités.

d) On divise 12 unités par 4, le quotient comporte donc 3 unités.

70 a) 5,5 b) 6,5 c) 1,5 d) 6,2

a) $(1{,}5 + 1{,}5) + 2{,}5 = 3 + 2{,}5 = 5{,}5$

b) $(2{,}2 + 0{,}8) + 1 + 2{,}5 = 3 + 1 + 2{,}5 = 6{,}5$

c) $(5 - 3) - 0{,}5 = 2 - 0{,}5 = 1{,}5$

d) $(10 - 2) - 0{,}5 - 1 - 0{,}3 = 8 - 0{,}5 - 1 - 0{,}3 = 7{,}5 - 1 - 0{,}3 = 6{,}5 - 0{,}3 = 6{,}2$

71 a) 4,8 b) 10 c) 1,2 d) 0,7

a) $4 \times 12 = 48$ et il y a un chiffre après la virgule, le produit est donc 4,8.

b) $4 \times 25 = 100$ et il y a un chiffre après la virgule, le produit est donc 10.

c) $3 \div 3 = 1$ et $0{,}6 \div 3 = 0{,}2$; le quotient est donc 1,2.

d) 14 dixièmes divisés par 2 donnent 7 dixièmes.

72 a) 700 b) 120 c) 23 d) 875

a) Le « cent » étant le centième d'un dollar, on compte le nombre de centièmes dans <u>7,00</u>.

b) Le 10 « cents » étant le dixième d'un dollar, on compte le nombre de dixièmes dans <u>12,0</u>0.

c) Il faut (4×5) 20 pièces de 25 cents pour faire 5 dollars et 3 autres pièces pour faire 75 cents, donc 23 pièces en tout.

d) Dans <u>8,75</u>, il y a 875 centièmes.

73 a) 111,505 b) 666,66 c) 17,618 d) 55,60

Pour obtenir les bonnes solutions, il faut s'assurer d'aligner les nombres correctement en plaçant toutes les virgules l'une sous l'autre. De cette façon, on est certain d'additionner les chiffres qui occupent une même position.

74 a) 10,89 b) 39,01 c) 92,995 d) 80,901

Comme pour l'addition, il faut bien aligner les nombres avant d'opérer. Pour faciliter l'emprunt dans les soustractions, on peut ajouter des zéros aux positions qui ne sont pas occupées. Exemple : 50,00 − 39,11.

75 a) 434 b) 792,3 c) 240,05 d) 18,75

Quand on multiplie des nombres décimaux, il n'est pas nécessaire d'aligner les nombres comme dans l'addition ou la soustraction. On multiplie comme à l'habitude, puis on reporte la virgule dans le produit après avoir compté combien il y a de chiffres après la virgule dans les facteurs.

76 a) 1,9 b) 65,1 c) 23,7 d) 2,01

Avant de commencer chaque division, il faut estimer le nombre de positions que comportera le quotient ; on s'assurera ainsi que la virgule est au bon endroit.

77 a) 25 b) 0,301 c) 500,5 d) 150 e) 1,115

Lorsqu'on multiplie un nombre décimal par 10, 100 ou 1 000, on déplace la virgule de 1, 2 ou 3 positions vers la droite. Lorsqu'on divise par 10, 100 ou 1 000, on déplace la virgule de 1, 2 ou 3 positions vers la gauche.

78 a) 10 b) 100 c) 100 d) 10 e) 1 000

79 a) $\frac{13}{12}$ b) $\frac{53}{30}$ c) $\frac{13}{24}$ d) $\frac{4}{12}$ ou $\frac{1}{3}$

Lorsqu'on additionne ou qu'on soustrait des fractions, il faut d'abord les transformer en fractions équivalentes ayant le même dénominateur.

80 $\frac{3}{16}$

Chercher la fraction des élèves qui s'adonnent aux sports autres que le saut à la corde :
$\frac{1}{4} + \frac{3}{8} + \frac{3}{16} = \frac{4}{16} + \frac{6}{16} + \frac{3}{16} = \frac{13}{16}$.

Chercher la fraction des élèves qui sautent à la corde : $\frac{16}{16} - \frac{13}{16} = \frac{3}{16}$.

81 $\frac{5}{30}$ ou $\frac{1}{6}$

Chercher la fraction mangée la première journée : $\frac{5}{5} - \frac{3}{5} = \frac{2}{5}$.

Chercher la fraction totale qui a été mangée : $\frac{2}{5} + \frac{3}{10} + \frac{2}{15} = \frac{25}{30}$.

Chercher la fraction qui reste : $\frac{30}{30} - \frac{25}{30} = \frac{5}{30}$ ou $\frac{1}{6}$.

82 $\frac{6}{10}$ ou $\frac{3}{5}$

Au départ, il y a 3 gâteaux séparés en 10 parties égales, il y a donc $3 \times \frac{10}{10}$, c'est-à-dire $\frac{30}{10}$.

Chercher la fraction mangée par les invités : $24 \times \frac{1}{10} = \frac{24}{10}$.

Chercher la fraction qui reste : $\frac{30}{10} - \frac{24}{10} = \frac{6}{10}$ ou $\frac{3}{5}$.

83 a) $\frac{6}{3}$ ou 2 b) $\frac{4}{8}$ ou $\frac{1}{2}$ c) $\frac{9}{4}$ ou $2\frac{1}{4}$ d) $\frac{18}{8}$ ou $\frac{9}{4}$ ou $2\frac{1}{4}$

Exemple : $\frac{2}{3} \times 3 = \frac{2}{3} \times \frac{3}{1}$. On multiplie séparément les numérateurs et les dénominateurs ; on obtient ainsi $\frac{6}{3}$ ou 2.

84 a) $\frac{3}{10}$ b) 120 pages

a) Transformer d'abord les données du problème pour qu'elles soient exprimées en fractions:
$40\,\% = \frac{40}{100} = \frac{4}{10}$ et $0{,}3 = \frac{3}{10}$.

Chercher la fraction lue: $\frac{4}{10} + \frac{3}{10} = \frac{7}{10}$.

Chercher la fraction non lue: $\frac{10}{10} - \frac{7}{10} = \frac{3}{10}$.

b) $\frac{3}{10} \times 400 = \frac{1\,200}{10} = 120$.

85 40 %

Transformer d'abord les données du problème pour qu'elles soient exprimées en pourcentage: $\frac{1}{5} = \frac{20}{100} = 20\,\%$ et $0{,}16 = 16\,\%$.

Chercher le pourcentage des élèves qui n'ont pas patiné: 24 % + 20 % + 16 % = 60 %.

Chercher le pourcentage des élèves qui ont patiné: 100 % − 60 % = 40 %.

86 241,10 $

Chercher le nombre de litres consommés durant le premier voyage: 180,6 ÷ 2 = 90,3.

Chercher le nombre total de litres consommés: 180,6 + 90,3 = 270,9.

Chercher le coût de l'essence: 270,9 × 0,89 = 241,101 ou 241,10 $.

La géométrie

87 Dans le quadrant 3.

88 (4,2)

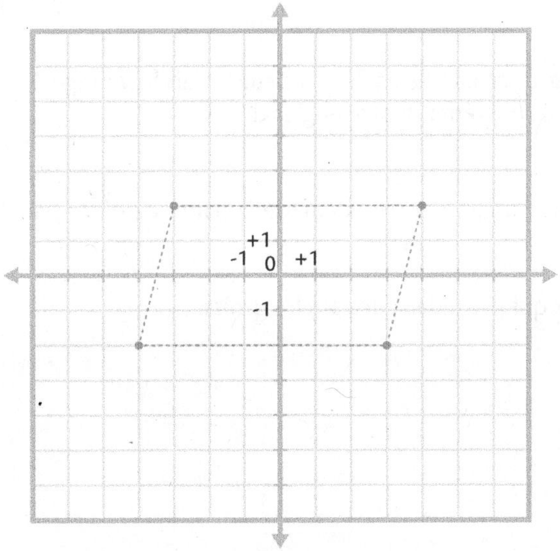

Pour former un parallélogramme, on doit déterminer un segment de droite de même longueur et parallèle au segment défini par les points (-4, -2) et (3,-2).

89 a) 14 faces

b) 24 sommets

c) 36 arêtes

90 c) Je possède cinq arêtes.

Cette figure est composée de quatre triangles. Elle possède donc quatre faces, quatre sommets et six arêtes.

91 c) A, D et E

Pour être un polyèdre, un solide doit être constitué par l'assemblage de polygones et, en conséquence, ne posséder que des faces planes. Le cylindre et le cône ne sont pas des polyèdres parce qu'ils ont des faces courbes. Le rectangle est un polygone, il faudrait qu'il soit associé à d'autres polygones pour constituer un polyèdre.

92 Le prisme à base carrée et le prisme à base rectangulaire.

93 Le prisme à base pentagonale.

94 Tout prisme dont la base est un quadrilatère : carré, rectangle, losange, parallélogramme ou trapèze.

Les prismes dont les bases sont formées par deux quadrilatères ont tous 6 faces, 8 sommets et 12 arêtes.

95 Toute pyramide dont la base est un quadrilatère : carré, rectangle, losange, parallélogramme ou trapèze.

Ces pyramides ont cinq faces, cinq sommets et huit arêtes.

96 Encercler A et B.

Un polygone est une figure plane fermée dont les côtés sont des lignes droites.

97 A : un rectangle B : un trapèze rectangle C : un parallélogramme D : un quadrilatère

La dernière figure ne possédant aucun côté parallèle ne peut être désignée que par le nombre de côtés qu'elle comporte.

98 a) Tous les carrés sont des losanges.

Le carré possède les caractéristiques du losange (côtés congrus et parallèles deux à deux), mais le losange ne possède pas une des caractéristiques essentielles du carré : posséder quatre angles droits.

99 Le losange, le rectangle et le carré.

Pour porter le nom de parallélogramme, il suffit d'être un quadrilatère qui possède deux paires de côtés parallèles.

100 Le trapèze rectangle, le rectangle et le carré.

Les polygones qui ont des côtés perpendiculaires sont ceux qui possèdent des angles droits.

101 a) D b) E c) C d) A e) B

A
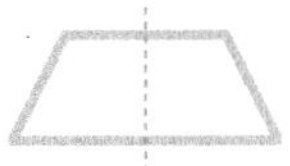

B

C
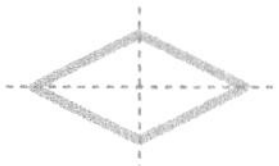

D
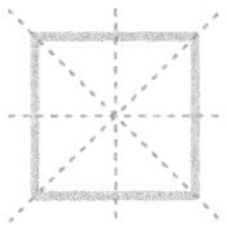

E
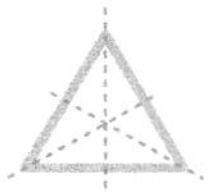

102 Le carré et le losange.

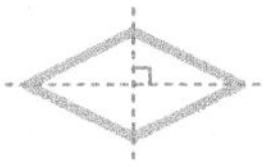

103 Non.

Le triangle équilatéral possède trois angles congrus de 60° puisque la somme des angles intérieurs d'un triangle est égale à 180°.

104 35°

Un triangle isocèle possède deux angles congrus; on trouve donc la solution de la façon suivante: $(180 - 110) \div 2 = 35$.

105 a) A: triangle scalène

b) B: triangle rectangle isocèle

c) C: triangle isocèle

d) D: triangle rectangle scalène

106 a) vrai

b) faux

c) vrai

d) faux

Toutes ces réponses s'expliquent par le fait que les trois angles d'un triangle totalisent 180° et que le triangle rectangle possède obligatoirement un angle de 90°.

107 d)

Un polygone est convexe si les diagonales tracées entre ses sommets sont toutes à l'intérieur de la figure.

108 a) 4 angles aigus

b) 4 angles obtus

c) 8 angles droits

109 a) 30° b) 120°

a) $90 - 60 = 30$

b) $180 - 60 = 120$

110 a) 40°

b) 75°

c) 270°

111 120°

Le cadran de l'horloge a la forme d'un cercle, il mesure donc 360°. Il est divisé par les nombres en 12 parties égales qui mesurent chacune 30° ($360 \div 12$). De 13 h à 13 h 20, la grande aiguille parcourt 4 de ces parties, soit 120° (4×30).

112 a) un angle droit

b) un angle nul

c) un angle obtus

d) un angle plat

113 b) Ce sont des droites qui conservent toujours la même distance entre elles.

114 a) $\overline{EG}$ et $\overline{FI}$
b) $\overline{EB}$
c) $\overline{JD}$
d) $\overline{FH}$

115

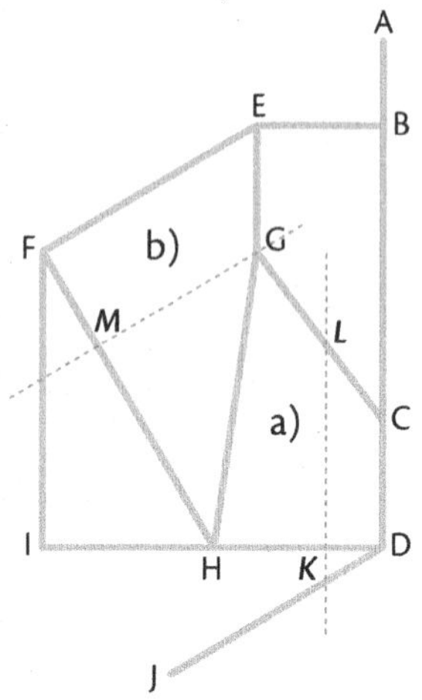

116 a) le rayon
b) la circonférence

117 Faux
Le rayon mesure la moitié du diamètre, non le double.

118

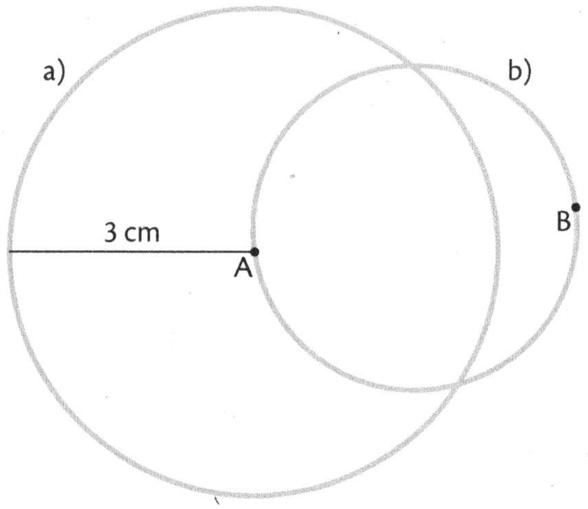

Avant de tracer le 2e cercle, trouver d'abord le milieu du segment $\overline{AB}$ afin de déterminer le centre du cercle.

119

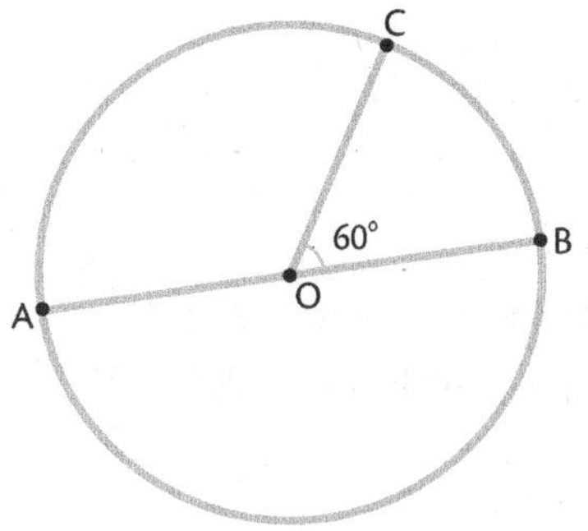

120 B

La figure obtenue par une réflexion est identique à la première, mais tous ses éléments sont inversés.

121 a) une réflexion

b) une translation

Les mesures

122 a) 1 700

b 470

c) 1 050

d) 10 000

Pour trouver facilement les solutions, utiliser le tableau suivant.

km	hm	dam	m	dm	cm	mm
1	7	0	0			
				4	7	0
		1	0	5	0	
1	0	0	0	0		

123 a) dm

b) m

c) km

d) m

km	hm	dam	m	dm	cm	mm
			3	5	0	0
		3	0	0	0	
4,	5	0	0	0		
			0,	3	5	0

124 15 morceaux

Trois mètres contiennent 30 dm. Le menuisier peut donc obtenir 15 morceaux (30 ÷ 2).

125 3 850 mètres

Chercher la distance parcourue par Nathalie : 4 000 − 50 = 3 950 m.

Calculer la différence entre les distances parcourues par Jeannot et Nathalie : 3 950 − 3 750 = 200 m.

Puisque Jean-Michel est à mi-chemin entre les deux, il a parcouru 100 m de plus que Jeannot (200 ÷ 2), c'est-à-dire 3 850 m (3 750 + 100).

126 43 tours

Transformer d'abord 8,5 km en mètres : 8,5 × 1 000 = 8 500 m.

Chercher le nombre de tours à parcourir : 8 500 ÷ 200 = 42,5.

Il doit donc parcourir un minimum de 43 tours.

127 52 m

Avant de trouver le périmètre, il faut trouver les mesures manquantes. Celles-ci doivent être évaluées à partir des mesures données :

10 + 4 + <u>6</u> + <u>7</u> + 2 + 3 + 6 + 14 = 52.

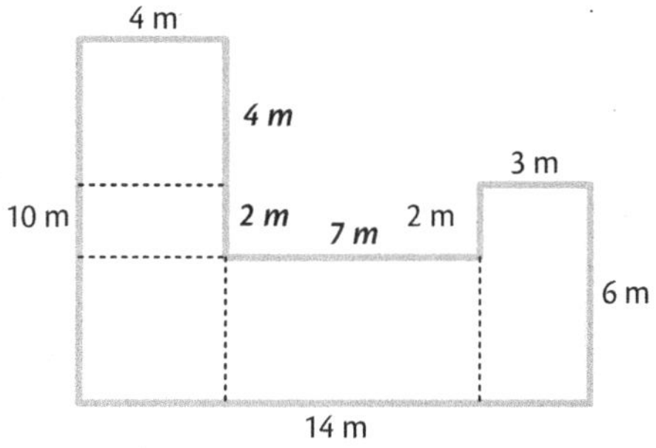

128 80 mètres

Chercher la mesure du côté d'un terrain : 16 ÷ 4 = 4 m.

Chercher la longueur et la largeur du jardin communautaire : 4 × 6 = 24 m ; 4 × 4 = 16 m.

Chercher le périmètre : 2 × (24 + 16) = 80.

129 Trois rouleaux

Chercher le périmètre de la chambre : 2 × (4 + 5,5) = 19 m.

Chercher le nombre de rouleaux nécessaires : 19 ÷ 8 = 2,33 rouleaux. Il faut donc acheter trois rouleaux.

130 a) longueur : 350 m

b) largeur : 150 m

Trouver le demi-périmètre : 1 000 ÷ 2 = 500 m.

Enlever les 200 m que la longueur mesure de plus : 500 − 200 = 300 m.

Chercher la largeur : 300 ÷ 2 = 150 m.

Chercher la longueur : 150 + 200 = 350 m.

131 103 cm^2

Il faut subdiviser la figure en différents rectangles :
$(4 \times 2) + (5 \times 2) + (5 \times 13) + (4 \times 5) = 103$.

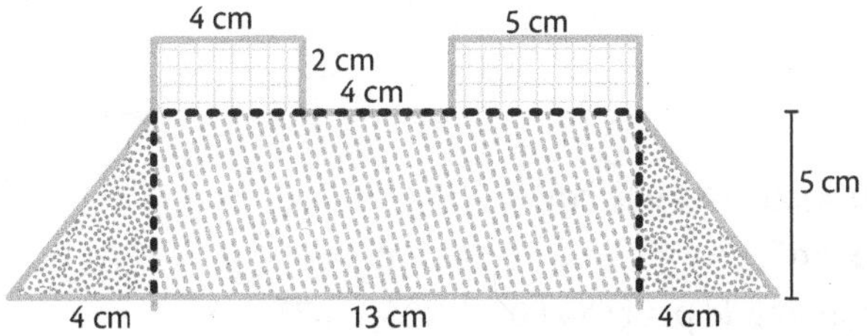

La dernière opération (4×5) réunit les deux triangles pour former un rectangle mesurant 4 cm sur 5 cm.

132 a) 100 cm^2
b) 10 000 cm^2

133 a) 300
b) 400
c) 3
d) 0,2

On peut trouver la solution en utilisant un tableau de mesures comme aux exercices 122 et 123 ; il faut toutefois multiplier ou diviser par 100 chaque fois qu'on passe d'une case à l'autre.

134 40 m

On trouve l'aire d'un carré en multipliant la mesure d'un côté par elle-même.
Puisque l'aire est de 100 m^2, le côté mesure 10 m $(10 \times 10 = 100)$ et le périmètre mesure 40 m (10×4).

135 1 cm sur 64 cm ; 2 cm sur 32 cm ; 4 cm sur 16 cm

On obtient l'aire d'un rectangle en multipliant la longueur par la largeur ; il faut donc trouver tous les facteurs de 64.

136 150 dm^2

10 dm $\times$ 15 dm = 150 dm^2

137 900 carreaux

30 dm $\times$ 30 dm = 900 dm^2 ; $900 \div 1 = 900$.

138 2 500 m^2

La partie ajoutée mesure 25 mètres sur 100 mètres, soit 2 500 m^2 (25×100).

139 a) 39 cubes b) 48 cubes

Identifier d'abord combien de rangées complètes de cubes constituent chaque construction
et combien il y a de cubes dans chacune de ces rangées.

a) $3 \times 13 = 39$
b) $4 \times 12 = 48$

140 a) 1 000 cm^3 (10 x 10 x 10)
b) 1 000 000 cm^3 $(100 \times 100 \times 100)$

141 a) 5 cm b) 10 cm

On trouve le volume d'un prisme à l'aide la formule suivante : longueur × largeur × hauteur.

On peut donc retrouver la hauteur en divisant le volume par (longueur × largeur).

a) $750 \div (10 \times 15) = 5$ cm

b) $750 \div (5 \times 15) = 10$ cm

142 672 boîtes

Chercher le volume de la grosse boîte en cm^3 : $60 \times 40 \times 35 = 84\,000$ cm^3.

Trouver le volume d'une petite boîte : $5 \times 5 \times 5 = 125$ cm^3.

Trouver le nombre de fois que le grand volume peut contenir le petit : $84\,000 \div 125 = 672$.

143 729 cm^3

Si l'aire d'une face mesure 81 cm^2, alors le côté mesure 9 cm ($9 \times 9 = 81$).

Pour trouver le volume d'un cube, il faut appliquer la formule suivante : C × C × C : $9 \times 9 \times 9 = 729$.

144 1 cm sur 30 cm ; 2 cm sur 15 cm ; 3 cm sur 10 cm ; 5 cm sur 6 cm

On trouve le volume d'un prisme à l'aide la formule suivante : longueur × largeur × hauteur.

En divisant le volume par la hauteur, on retrouve donc le produit (longueur × largeur) : $150 \div 5 = 30$.

La longueur et la largeur sont donc les couples de facteurs dont le produit est 30.

145 150 cubes

Chercher le volume des 150 blocs : $150 \times (2 \times 2 \times 1) = 600$ cm^3.

Chercher le volume qui reste : $1\,800 - 600 = 1\,200$ cm^3.

Chercher le volume d'un cube : $2 \times 2 \times 2 = 8$ cm^3.

Chercher le nombre de cubes utilisés : $1\,200 \div 8 = 150$.

146 Cocher b), c), d) et e).

147 a) 1 500 mL

b) 200 cL

c) 30 L

d) 4,5 L

On peut utiliser le tableau des exercices 122 et 123 en remplaçant les unités de mesure.

148 12 verres

Chercher le contenu des deux boîtes en mL : $960 \times 2 = 1\,920$ mL.

Transformer cette mesure en cL : $1\,920 \div 10 = 192$ cL.

Trouver le nombre de verres : $192 \div 16 = 12$.

149 168 litres

Chercher le nombre de litres achetés en un an : $16 \times 52 = 832$ litres.

Chercher ce qui manque pour obtenir un kilolitre : $1\,000 - 832 = 168$.

150 a) 300 000

b) 20,5

c) g

d) cg

On peut utiliser le tableau des exercices 122 et 123 en remplaçant les unités de mesure.

151 28,08 kg

Chercher le poids de la caisse en grammes : 130 × 216 = 28 080 g.

Transformer les grammes en kilogrammes : 28 080 ÷ 1 000 = 28,08.

152 400 g

Trouver le poids du frère en grammes : 35,6 × 1 000 = 35 600.

Chercher le nombre de grammes qui manquent : 36 000 − 35 600 = 400.

153 a) $3\frac{1}{2}$ heures b) 15 c) 2 d) $\frac{3}{12}$ ou $\frac{1}{4}$ ou 0,25

a) 210 ÷ 60 = 3,5 heures. Il ne faut pas transformer le 5 en 5 minutes ; il s'agit de cinq dixièmes ou de la demie d'une heure, soit 30 minutes.

b) 150 ÷ 10 = 15

c) Il y a 3 600 secondes dans une heure (60 × 60) : 7 200 ÷ 3 600 = 2.

d) $\frac{3}{12} = \frac{1}{4}$

154 21 fois

Il y a un 29 février lors des années bissextiles, c'est-à-dire tous les 4 ans : 84 ÷ 4 = 21.

155 360 fois

Entre minuit et 6 heures, il y a une durée de 6 heures, donc de 360 minutes (6 × 60). L'aiguille des secondes fait le tour de l'horloge en 1 minute, donc 360 fois.

156 228 coups

Chercher le nombre de coups sonnés aux quarts d'heure : 3 × 24 = 72.

Chercher le nombre de coups que l'horloge sonne aux heures pendant une journée :
2 × (1 + 2 + 3 + 4 + 5 + 6 + 7 + 8 + 9 + 10 + 11 + 12) = 2 × 78 = 156.

Chercher le nombre total de coups : 72 + 156 = 228.

157 d) 37 min 20 s

Puisque Jules marche deux fois moins vite, il lui faut deux fois plus de temps pour se rendre à l'école :
18 min 40 s × 2 = 36 min 80 s = 37 min 20 s.

158 20 minutes

Un parcours de 120° représente $\frac{120}{360}$ ou $\frac{1}{3}$ d'une heure, puisque tout le tour de l'horloge mesure 360° :
$\frac{1}{3} \times 60 = 20$.

159 7 h 52

Calculer le temps écoulé depuis le départ de la maison : 10 + 45 + 8 + 5 = 68 minutes ou 1 heure 8 minutes.

Calculer l'heure à laquelle elle aurait dû partir : 9 h 00 − 1 h 08 = 8 h 60 − 1 h 08 = 7 h 52.

160 Le 27 juin

Si l'on tient compte du nombre de jours contenus dans chaque mois, les dates de traitements seront les 14, 21, 28 février, les 7, 14, 21, 28 mars, les 4, 11, 18, 25 avril, les 2, 9, 16, 23, 30 mai, les 6, 13, 20, 27 juin.

161 17 °C

Il faut 14 degrés pour remonter à 0 °C et 3 de plus pour monter à 3 °C.

162 – 4 °C
$-7 + 3 = -4$

163 –3 °C
$4 - 7 = -3$

164 Un écart de 58 degrés (10 + 48)

Les statistiques

165 a) 9 mois
b) 15 (90 – 75)
c) 10 (90 – 80)
d) 83 % (83 + 85 + 78 + 75 + 80 + 80 + 90 + 87 + 85 + 87 = 830 ; 830 ÷ 10 = 83)

166 a) 50 élèves ($\frac{25}{100} = \frac{1}{4}$; $200 \div 4 = 50$)
b) 20 élèves ($\frac{10}{100} = \frac{1}{10}$; $200 \div 10 = 20$)

167 a) Chien : 120° ($\frac{25}{75} = \frac{1}{3}$; $\frac{1}{3} \times 360 = 120$)
b) Chat : 96° ($\frac{20}{75} = \frac{4}{15}$; $\frac{4}{15} \times 360 = 96$)
c) Poisson : 72° ($\frac{15}{75} = \frac{1}{5}$; $\frac{1}{5} \times 360 = 72$)
d) Oiseau : 24° ($\frac{5}{75} = \frac{1}{15}$; $\frac{1}{15} \times 360 = 24$)
e) Hamster : 48° ($\frac{10}{75} \times \frac{2}{15}$; $\frac{2}{15} \times 360 = 48$)

168 a) 1 enfant : 24 % (angle de 90° ; $\frac{90}{360} = \frac{1}{4} = \frac{25}{100}$)
b) 2 enfants : 40 % (angle de 144° ; $\frac{144}{360} = \frac{2}{5} = \frac{40}{100}$)
c) 3 enfants : 20 % (angle de 72° ; $\frac{72}{360} = \frac{1}{5} = \frac{20}{100}$)
d) 4 enfants et + : 15 % (angle de 54° ; $\frac{54}{360} = \frac{3}{20} = \frac{15}{100}$)

169

Québec : $\frac{40}{100}$ ou 40 % ; angle : $\frac{2}{5} \times 360 = 144°$
Canada : $\frac{1}{5} = 20$ % ; angle : $\frac{1}{5} \times 360 = 72°$
États-Unis : 0,25 = 25 % ; angle : $\frac{1}{4} \times 360 = 90°$
Autre continent : 100 – (40 + 20 + 25) = 15 % ; angle : 360 – (144 + 72 + 90) = 54°

170 31 min 40 s

32 min 40 s + 31 min 50 s + 30 m 30 s = 93 m 120 s ; 93 min 120 s ÷ 3 = 31 min 40 s

171 18, 5 sur 20

(8 × 20) + (5 × 19) + (7 × 18) + (3 × 17) + (2 × 16) = 464 ; 464 ÷ 25 = 18,5

172 88 %

Avoir une moyenne de 80 %, c'est comme obtenir une note de 80 % à chaque examen.

Le total des notes des 5 examens est alors 400. Or, pour l'instant, elle a accumulé 312 points (80 + 75 + 78 + 79).

Il lui manque donc 88 points (400 − 312).

Les probabilités

173 a) Piger une boule noire, piger une boule rouge ou piger une boule jaune.

b) Piger une boule (aucune des couleurs ne peut être pigée de façon certaine ; seul le fait de piger une boule est certain).

c) Piger une boule de n'importe quelle autre couleur que celles représentées dans le sac.

174 Aussi probable, car il y a trois nombres pairs (2, 4 et 6) et trois nombres impairs (1, 3 et 5).

175 a) égale

b) inférieure

c) supérieure

d) supérieure

176 4 **1re pièce** **2e pièce**

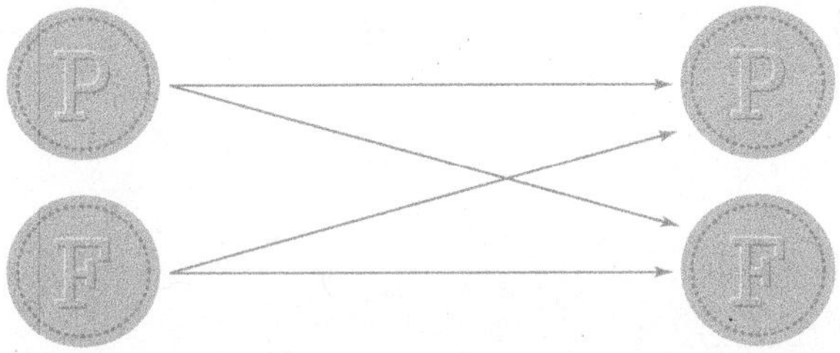

177 36

	⚀	⚁	⚂	⚃	⚄	⚅
⚀	(1, 1)	(1, 2)	(1, 3)	(1, 4)	(1, 5)	(1, 6)
⚁	(2, 1)	(2, 2)	(2, 3)	(2, 4)	(2, 5)	(2, 6)
⚂	(3, 1)	(3, 2)	(3, 3)	(3, 4)	(3, 5)	(3, 6)
⚃	(4, 1)	(4, 2)	(4, 3)	(4, 4)	(4, 5)	(4, 6)
⚄	(5, 1)	(5, 2)	(5, 3)	(5, 4)	(5, 5)	(5, 6)
⚅	(6, 1)	(6, 2)	(6, 3)	(6, 4)	(6, 5)	(6, 6)

178

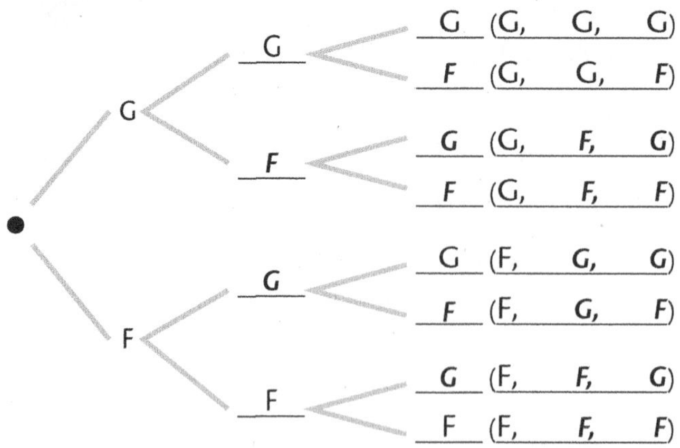

179 a)

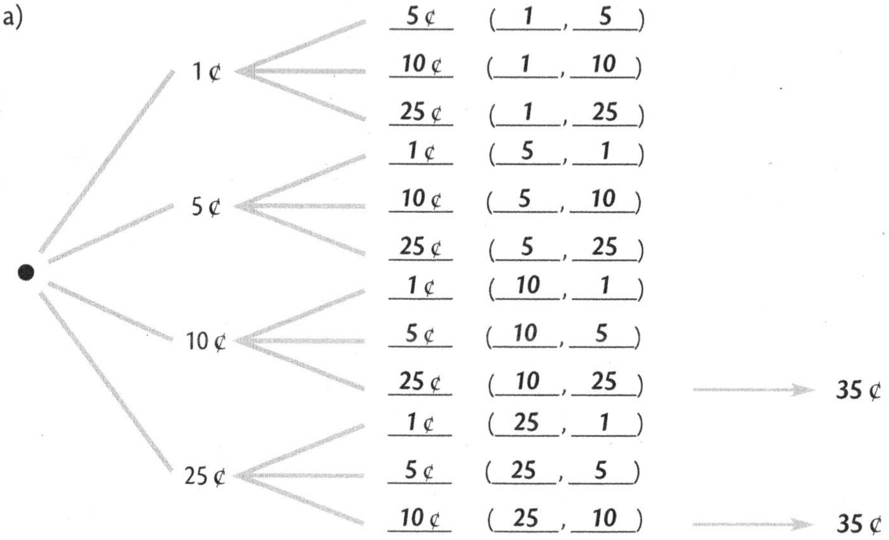

b) $\frac{2}{12}$ ou $\frac{1}{6}$

180

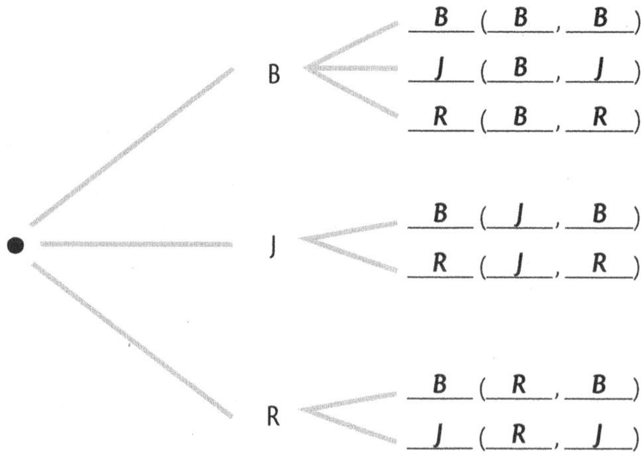

181 $\frac{1}{24}$

La section du cercle sur laquelle est inscrit le montant de 1 000 $ est déterminée par un angle au centre de 15° : $\frac{15}{360} = \frac{1}{24}$.

182 $\frac{5}{12}$

Il y a 5 montants de 100 % inscrits chacun dans un angle de 30°, donc 150° en tout : $\frac{150}{360} = \frac{5}{12}$.

183 $\frac{1}{7}$

(car il y a sept jours dans une semaine)

184 1

Lorsqu'un événement est certain, sa probabilité est 1 ; s'il est impossible, sa probabilité est 0.

Toutes les autres probabilités se situent entre 0 et 1.

185 0

186 $\frac{4}{52}$ ou $\frac{1}{13}$

187 $\frac{16}{52}$ ou $\frac{4}{13}$

188 $\frac{2}{6}$ ou $\frac{1}{3}$

189 $\frac{4}{25}$

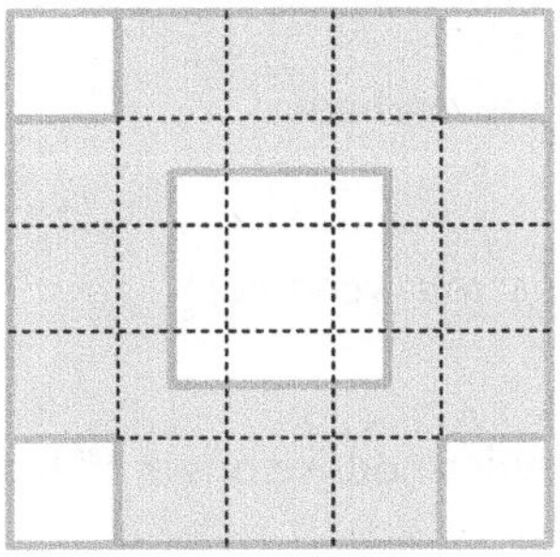

Chaque carré inscrit dans un coin représente $\frac{1}{25}$ de la figure.

190 $\frac{4}{25}$

(La réponse est illustrée sur le dessin de l'exercice précédent.)

191 $\frac{5}{25}$ ou $\frac{1}{5}$

Après que tu as pigé la lettre **e,** il reste dans le sac 25 lettres parmi lesquelles on compte 5 voyelles (a, i, o, u, y).

192 2

La probabilité de piger une bille rouge est $\frac{2}{3}$ $(\frac{3}{3} - \frac{1}{3})$. Si $\frac{2}{3} = 4$, alors $\frac{1}{3} = 2$.

193 $\frac{10}{20}$ ou $\frac{1}{2}$

Enlever les cinq billes vertes en surplus : $20 - 5 = 15$.

Trouver le nombre de billes noires et de billes jaunes : $15 \div 3 = 5$.

Trouver le nombre de billes vertes : $5 + 5 = 10$. Il y a donc 10 billes vertes sur 20.

194 $\frac{5}{20}$ ou $\frac{1}{4}$

Si on enlève les 10 billes vertes et les 5 billes jaunes, il reste 5 billes noires sur 20.

Se préparer en habiletés logiques

Le raisonnement

1 ma cousine

Pour répondre à ce genre de question, il est plus facile de commencer par la fin.
La sœur de mon père est ma tante ; la fille de ma tante est ma cousine ; la sœur de ma cousine est ma cousine.

2 ma tante (ou ma mère)

Pour répondre à ce genre de question, il est plus facile de commencer par la fin.
Le frère de ma mère est mon oncle ; la fille de mon oncle est ma cousine ; le père de ma cousine est mon oncle ; la sœur de mon oncle est ma tante (ou ma mère).

3 sept

Chaque fille avait un frère, mais puisqu'elles étaient sœurs, c'était le même frère.
Il y avait donc dans la famille les deux parents, les quatre filles et le frère, c'est-à-dire sept personnes.

4 v

La lettre qui précède le **v** est le **u** ; la lettre qui suit le **u** est le **v**.

5 v

La lettre qui suit le **v** est le **w** ; la lettre qui précède le **w** est le **v**.

6 vendredi

La veille de vendredi, nous serons jeudi ; le lendemain de jeudi, nous serons vendredi.

7 vendredi

Le lendemain de vendredi, nous serons samedi ; la veille de samedi, nous serons vendredi.

8 le 1er mars

La veille du 29 février, nous serons le 28 février ; le surlendemain du 28 février, nous serons le 1er mars (puisqu'il n'y a que 29 jours dans le mois de février).

9 lundi

Le jour de Pâques est toujours un dimanche ; le surlendemain du jour de Pâques est donc un mardi ; la veille de mardi est lundi.

La déduction

10 mercredi

On remplit le tableau en suivant les indices, puis on cherche le jour où il n'y a au menu ni lasagne ni pâté chinois.

	Lundi	Mardi	Mercredi	Jeudi	Vendredi
Lasagne	*oui*			*oui*	
Hamburgers	*oui*		*oui*		*oui*
Pizza		*oui*	*oui*	*oui*	
Pâté chinois		*oui*		*oui*	*oui*

11 La couleur préférée de Pierre est le **vert**.

La couleur préférée de Paul est le **bleu**.

La couleur préférée de Léo est le **rouge**.

La couleur préférée de Léa est le **jaune**.

La couleur préférée de Tim est l'**orange**.

On remplit le tableau en suivant les indices, puis on écrit **oui** lorsqu'il ne reste qu'une case à remplir sur une ligne ou dans une colonne.

- Si Pierre, Paul, Léo et Léa détestent l'orange, c'est Tim qui aime l'orange.
- Si Pierre, Paul, Léa et Tim détestent le rouge, c'est Léo qui aime le rouge.
- Si Paul, Léo, Léa et Tim détestent le vert, c'est Pierre qui aime le vert.

Puisqu'il ne reste que le bleu et le jaune à trouver et que Léa déteste le bleu, c'est qu'elle aime le jaune et que Paul aime le bleu.

	beu	orange	rouge	vert	jaune
Pierre	*non*	*non*	*non*	*oui*	*non*
Paul	*oui*	*non*	*non*	*non*	*non*
Léo	*non*	*non*	*oui*	*non*	*non*
Léa	*non*	*non*	*non*	*non*	*oui*
Tim	*non*	*oui*	*non*	*non*	*non*

12 Papa joue **du piano**.

Maman joue **du violon**.

Alexandre joue **de la guitare**.

Clovis joue **de la clarinette**.

Jésabelle joue **du xylophone**.

On remplit le tableau en suivant les indices, puis on écrit **oui** lorsqu'il ne reste qu'une case à remplir sur une ligne ou dans une colonne.

- Si les filles ne jouent pas d'un instrument à vent, Maman et Jésabelle ne jouent pas de la clarinette.
- Si Papa a besoin d'un déménageur pour transporter son instrument, il joue du piano.
- Si une des filles se sert d'un archet, c'est Maman ou Jésabelle qui joue du violon.
- Si Alexandre n'aime pas les instruments à vent, il ne joue pas de clarinette.
- Si Jésabelle n'aime pas les instruments à cordes, ce n'est pas elle qui joue du violon, c'est Maman.

	Piano	**Clarinette**	**Violon**	**Guitare**	**Xylophone**
Papa	*oui*		*non*		*non*
Maman	*non*	*non*	*oui*	*non*	*non*
Alexandre	*non*	*non*	*non*	*oui*	*non*
Clovis	*non*	*oui*	*non*	*non*	*non*
Jésabelle	*non*	*non*	*non*	*non*	*oui*

13 Darius est arrivé le premier, Basile le deuxième, Arthur le troisième, Colin le quatrième.

- Si Arthur n'est pas arrivé le 1er, on peut écrire non dans la case correspondante.
- Si Basile est arrivé entre le 1er et le dernier, c'est qu'il n'était ni 1er ni 4e, mais peut-être 2e ou 3e.
- Si Colin avait tous ses adversaires devant lui, c'est qu'il était le 4e.
- Si Darius et Basile n'étaient pas 3e, alors Basile était 2e.
- Puisque Darius n'était ni 2e, ni 3e, ni 4e, c'est qu'il était 1er.
- La seule place qui reste est la 3e, qui revient à Arthur.

	1er	**2e**	**3e**	**4e**
Arthur	*non*	*non*	*oui*	*non*
Basile	*non*	*oui*	*non*	*non*
Colin	*non*	*non*	*non*	*oui*
Darius	*oui*	*non*	*non*	*non*

14 Angelo

- Si Antonio dit que Roberto a eu 100 %, Roberto n'a donc pas eu 100 %.
- Si Angelo dit que Antonio a eu 100 %, Antonio n'a pas eu 100 %.
- Si Alfonso dit qu'il a eu 100 %, il n'a pas eu 100 %.

	a eu 100 %
Antonio	*non*
Angelo	*oui*
Alfonso	*non*
Roberto	*non*

15 Le ballon appartient à **Georgette**.

Les patins appartiennent à **Violette**.

La bicyclette appartient à **Pâquerette**.

La planche à roulettes appartient à **Huguette**.

- Si Violette dit que les patins et le ballon sont à Huguette, ils ne sont pas à Huguette.
- Si Huguette dit que la planche est à Pâquerette, la planche n'est pas à Pâquerette.
- Si Georgette dit que le ballon est à Violette, le ballon n'est pas à Violette.
- Si Pâquerette dit que les patins et le ballon sont à elle, ils ne le sont pas.

	Ballon	Patins	Bicyclette	Planche
Violette	*non*	*oui*	*non*	*non*
Huguette	*non*	*non*	*non*	*oui*
Georgette	*oui*	*non*	*non*	*non*
Pâquerette	*non*	*non*	*oui*	*non*

16 Pour répondre à ce genre de question, on suit les indices en écrivant au centre le premier prénom mentionné, puis le nom du plus jeune à gauche de celui qui est plus vieux.

			Sylvie
		Noémie	
	Annie		
Marie			

On compare ensuite le résultat avec chaque affirmation pour savoir si elle est vraie ou fausse.

	Vrai	Faux
... Sylvie est donc plus jeune que Annie.	☐	✓
... Noémie est donc plus vieille que Marie.	✓	☐
... Noémie est donc plus jeune que Marie.	☐	✓
... Marie est donc plus vieille que Sylvie.	☐	✓

17 Pour répondre à ce genre de question, on suit les indices en écrivant au centre le premier prénom mentionné, puis le nom du plus petit à gauche de celui qui est plus grand.

	Clément		
Roland		Flavien	Adrien

Ensuite, on leur attribue les tailles, du plus petit au plus grand : Roland mesure 1 m ; Clément mesure 1 m 10 ; Flavien mesure 1 m 15 ; Adrien mesure 1 m 20.

Clément mesure 1 m 10.
Adrien mesure 1 m 20.
Roland mesure 1 m.
Flavien mesure 1 m 15.

18 Pour te faciliter la tâche, écris sur chaque bouteille les initiales des jus qu'elles peuvent contenir, puis barre une initiale ou entoure-la selon les renseignements que donnent les indices.

- Si les bouteilles du bas contiennent toutes la même sorte de jus, elles contiennent soit du jus d'ananas, soit du jus de raisin, puisqu'il n'y a qu'une bouteille de jus de pomme et qu'une bouteille de jus d'orange.
- Si la bouteille à l'extrême droite contient la même sorte de jus que celles qui sont sur la 3e étagère à partir du bas, on peut en conclure que les trois bouteilles de la 3e étagère contiennent le même jus, soit du jus d'ananas, puisque seul le jus d'ananas est représenté plus de deux fois.

La bouteille de l'extrême droite contient donc elle aussi du jus d'ananas. Les deux bouteilles du bas contiennent donc du jus de raisin.

- Si la bouteille de jus d'orange est à gauche de celle de jus de pomme, c'est la bouteille qui est sur l'étagère du haut qui contient du jus d'ananas. La bouteille de jus d'orange est donc sur la 2e rangée en partant du bas, à gauche, et la bouteille de jus de pomme est à droite.

19 Seule la maison de gauche a une fenêtre sur le toit. C'est donc la maison de Gaspar.

La maison de gauche (celle de Gaspar) et la maison du centre ont un pot de fleurs à côté de la porte alors que la maison de droite n'en a pas. La maison du centre est donc celle de Nestor. La maison de Balthasar est celle de droite.

Gaspar *Nestor* *Balthasar*

20 Pour te faciliter la tâche, dessine les trois figures et écris B (pour bleu) et R (pour rouge) dans chaque case. Tu barreras ou entoureras les figures ou les couleurs selon les renseignements que donnent les indices. Commence par lire tous les indices pour trouver les plus précis.

- Les triangles sont à gauche. Ils ne sont donc ni au centre ni à droite. Les carrés et les cercles ne sont pas à gauche.
- Les figures bleues sont en haut. Les figures rouges sont donc en bas, et le triangle bleu est en haut, le triangle rouge est en bas.
- Le carré rouge est au centre, il est donc au centre, dans la case du bas, et le cercle bleu est dans la case du centre en haut.
- Le cercle rouge n'est pas en haut, il est donc en bas, à droite et le carré bleu est en haut.

△ B	○ B	□ B
△ R	□ R	○ R

21 Pour te faciliter la tâche, écris dans chaque case toutes les lettres qu'elles peuvent contenir, puis barre une lettre ou entoure-la selon les renseignements que donnent les indices. Commence par lire tous les indices pour trouver les plus précis.

- Le I est entre le U et un T. Il ne peut donc être ni dans la case 1 ni dans la 6.
- Il n'y a aucune lettre à gauche de l'un des T. L'un des T est donc dans la 1re case de gauche.
- Il y a une voyelle dans la dernière case. C'est donc soit un U soit un E.
- Si le U est à droite du R, il ne peut pas être dans la case 2 (sinon, il serait à droite d'un T).

Essayons avec un U dans la case 6.
Le R serait donc dans la case 5 (puisque le U est à droite du R).
Le T serait dans la case 4 (puisque le R est à côté d'un T).
Impasse : Le I ne pourrait pas être entre le U et un T.

Essayons avec le E dans la case 6.
Le T serait dans la case 5 (puisqu'il y a un T dans la case à côté du E).
Le I serait dans la case 4 (puisque le I est entre le U et un T).
Le U serait dans la case 3 et le R dans la case 2 (puisque le U est à droite du R).

❶	❷	❸	❹	❺	❻
RITUET	RITUET	RITUET	RITUET	RITUET	RITUET

C'est donc cette combinaison qui est la bonne.

❶	❷	❸	❹	❺	❻
T	R	U	I	T	E

La logique mathématique

22 c) 840 $

Attention ! Lorsqu'Arlette remonte le prix de 40 %, elle le fait sur le prix qui avait d'abord été réduit de 40 %.

40 % de 1 000 $ = (1 000 × 40) ÷ 100 = 400 ; 1 000 − 400 = 600 $

40 % de 600 $ = (600 × 40) ÷ 100 = 240 ; 600 + 240 = 840 $

23 La première différence à écrire est celle de 20 − 10, soit 10.

Ensuite, on peut se demander à quel nombre il faut enlever 20 pour obtenir 20. C'est 40.
Ensuite, quelle est la différence entre 20 et 10 ? 10… À partir de là, on peut remplir toutes les autres cases.

19					
20	1				
25	5	4			
35	10	5	1		
55	20	10	5	4	
95	40	20	10	5	1

24 0

24 × 0 × 4 = 0

6 × 0 = 0

0 × 8 = 0

25 La 2e rangée à partir du bas, qui contient seulement des rectangles, nous permet de calculer la valeur d'un rectangle : 20 ÷ 5 = 4.

- La dernière colonne de droite, qui contient quatre rectangles et un cercle nous permet de calculer la valeur d'un cercle : 18 − (4 × 4) = 2.
- La 2e rangée à partir du haut nous permet de calculer la valeur d'un losange :
  20 − {(2 × 2) + 4} = 20 − 8 = 12 ; 12 ÷ 2 = 6.

– La 2e colonne à partir de la gauche nous permet de calculer la valeur d'un carré :
$17 - \{(2 \times 2) + 4 + 6\} = 17 - 14 = 3$.

– Maintenant, toutes les colonnes ou les rangées qui contiennent un triangle peuvent nous servir à calculer la valeur de celui-ci :

Prenons la 1re colonne à partir de la gauche : $20 - (3 + 4 + 6 + 2) = 20 - 15 = 5$.

△ = 5		□ = 3	
○ = 2		□ = 4	
◇ = 6			

26 On peut tout d'abord conclure que B est un 1. En effet, lorsqu'on additionne des centaines, on ne peut obtenir un nombre ayant plus que 1 à la position des unités de mille (999 + 999 = **1** 998).

Si C + C est plus grand que 4 et plus petit que 10, A peut être un 5, un 6, un 7, un 8 ou un 9.

Puisque C est un nombre impair, on peut éliminer 5, 7, 8 et 9, parce qu'ils ne sont pas la somme de deux nombres impairs semblables. Donc A = 6 et C = 3.

C + C = 3 + 3 = 6 (A) B + C = 1 + 3 = 4 (E) A + D = 6 + 5 = 11 (BB)

$$\begin{array}{r} 6\ 1\ 3 \\ +\ 5\ 3\ 3 \\ \hline 1\ 1\ 4\ 6 \end{array}$$

27 5

Dans ce genre de problème, on commence par la fin.

Le tiers de 120 : 120 ÷ 3 = 40

Le quart de 40 : 40 ÷ 4 = 10

La moitié de 10 : 10 ÷ 2 = 5

28 deux jours

S'ils avaient été six personnes au lieu de trois pour faire le travail, ils auraient été deux fois plus nombreux, ils auraient donc mis deux fois **moins** de temps, soit deux jours.

29 28

Flore est au 5e rang à partir du début, il y a donc 4 groupes de 2 personnes devant elle, soit 8.
Flore est au 10e rang à partir de la fin, il y a donc 9 groupes de 2 personnes derrière elle, soit 18.
En ajoutant Flore et l'élève qui est à côté d'elle, on obtient : 8 + 18 + 2 = 28.

On peut aussi faire un schéma :

XX XX XX XX **✖**X XX XX XX XX XX XX XX XX XX
début Flore fin

30 80 m

40 + 40 = 80

Dans un tout, il y a deux moitiés. Si l'on doit ajouter une moitié à 40 mètres pour obtenir la totalité de la hauteur de l'immeuble, c'est que 40 mètres représente l'autre moitié. La hauteur de l'immeuble est donc égale à 2 fois 40 mètres, soit 80 mètres.

31 11

100 ÷ 10 = 10

10 + 1 = 11

Avec 100 bouts de chandelles, madame Thibaut fabriquera 10 chandelles (100 ÷ 10 = 10), qui lui donneront de nouveau 10 bouts de chandelles avec lesquels elle fabriquera 1 chandelle : 10 + 1 = 11.

32 $3 \times 8 = 24$ $10 + 14 = 24$ $33 - 9 = 24$ $48 \div 2 = 24$

Il faut essayer par tâtonnement toutes les opérations dont le résultat est 24.

L'observation

34 c)

35 696 996

Les 9 deviennent des 6, les 6 deviennent des 9. L'ordre des chiffres, de gauche à droite, est inversé.

36 Se reporter à l'exercice 33, page 32.

Les analogies

37 Entourer a).

La figure extérieure change. La figure intérieure passe du noir au blanc.

38 Entourer c).

Les aiguilles ont bougé d'un quart de tour.

39 a) corde vocale

On s'éclaire grâce au soleil. De même, on chante grâce aux cordes vocales.

b) confier

Examiner contient une nuance plus précise que *voir*. De même, *confier* contient une nuance plus précise que *parler*.

c) pied

Le nez est une partie du visage. De même, un orteil est une partie d'un pied.

d) mot

La première lettre du mot est changée par celle qui suit dans l'ordre alphabétique.

e) 583

On a additionné 3 à chaque chiffre du nombre 302 pour obtenir 635. De même, on additionne 3 à chaque chiffre du nombre 250 pour obtenir 583.

40

Quand reviendras-tu ?	Oui, j'ai beaucoup aimé.
Le sais-tu ?	Non, je suis trop gêné.
Quand es-tu arrivé ?	Oui, très bien.
Viens-tu danser ?	Non, il est parti.
Est-ce que Jason est là ?	Bientôt.
As-tu lu Jules Verne ?	Non, je n'en ai aucune idée.
Connais-tu ma cousine ?	Hier.

L'histoire

1 c) 1939 -1945

La Seconde Guerre mondiale commence en 1939 et se termine en 1945.

Les dates énoncées en a) sont celles de la Première Guerre mondiale.

2 a) Lénine

L'acteur principal de la Révolution russe, en 1917, est Lénine. Il devient le chef du parti communiste et Staline lui succède à sa mort en 1922. Nicolas II, le tsar à cette époque, se fait assassiner en 1918. Quant à Dostoïevski, c'est un écrivain russe du XIXe siècle.

3 a) un drakkar

Le bateau qu'utilisaient les Vikings lors de leurs explorations est appelé un drakkar. C'est un type de bateau muni de rames et de voiles.

Une caravelle était un petit navire utilisé au XVe et au XVIe siècle. Une galère était un navire pourvu de nombreuses rames, utilisé de l'Antiquité jusqu'au XVIIIe siècle pour la guerre ou le commerce. Souvent, les criminels étaient condamnés à ramer sur les galères. Une chaloupe est un grand canot que l'on embarque sur un navire afin de transporter les passagers à terre ou pour les évacuer en cas de naufrage.

4 b) en Argentine

Le tango a été inventé en Amérique latine, plus particulièrement en Argentine. C'est un type de danse au rythme plutôt lent qui se pratique en couple.

5 a) Marie-Antoinette

La reine dont on a coupé la tête en 1793, pendant la Révolution française, est Marie-Antoinette. Épouse de Louis XVI, elle était détestée du peuple en raison de sa prétendue frivolité et se fit jeter en prison avant d'être guillotinée. Marie de Médicis, Catherine de Médicis et Anne d'Autriche ont toutes trois été reines de France à différentes époques de l'Histoire.

6 a) Jean Drapeau

C'est Jean Drapeau qui a fait construire le métro de Montréal. Élu maire en 1960, Jean Drapeau veut résoudre les problèmes de transport qui pèsent sur la ville et décide de la doter d'un chemin de fer souterrain pour enrayer la congestion des rues. Le métro est donc inauguré en 1966.

7 b) Montcalm

Le dirigeant de l'armée de Nouvelle-France lors de la bataille des plaines d'Abraham est le général Montcalm. Ses troupes se font battre en quelques minutes à peine et il est tué très rapidement durant la bataille.

Geronimo est un chef indien apache qui vivait aux États-Unis au XIXe siècle. Martin Luther King est un pasteur noir américain qui lutta pour l'intégration des Noirs aux États-Unis. On lui décerna le prix Nobel de la paix en 1964. Gandhi est un leader de l'Inde qui lutta pour la non-violence dans son pays.

8 c) en 1967

L'exposition universelle de Montréal s'est déroulée en 1967. Elle a pour thème *Terre des Hommes* et réunit divers pavillons et attractions provenant du monde entier. Plusieurs expositions de ce genre ont eu lieu auparavant dans différents pays (comme celle de 1899, à Paris, pour laquelle est érigée la Tour Eiffel), et plusieurs autres se dérouleront plus tard, mais celle de 1967 reste l'une des plus réussies.

9 c) le Roi-Soleil

Louis XIV, qui régna sur la France de 1643 à 1715, fut surnommé le Roi-Soleil, non seulement à cause de l'immense renommée que prit graduellement son pays sous sa gouverne, mais aussi à cause de son goût prononcé pour la gloire et le prestige, goût dont témoigne le château de Versailles, une grandiose construction encore admirée de nos jours.

10 d) le latin

La langue parlée dans la Rome antique était le latin. Certaines langues, comme le français, l'italien et l'espagnol, sont dérivées du latin. On les appelle les langues latines.

11 d) un coquelicot

Le symbole distribué par les anciens combattants pour se souvenir des disparus de la Première Guerre mondiale est un coquelicot. La raison d'être de ce symbole est que les champs de bataille, à cause des morts qui se trouvaient sous la terre, étaient envahis de coquelicots. En effet, le coquelicot est une plante se développant particulièrement bien dans des sols de cette nature. Le 11 novembre, donc, en souvenir des soldats morts au combat, on distribue une fleur de coquelicot.

12 c) Rodin

C'est Rodin qui a sculpté *Le Penseur*. Considéré comme l'un des plus grands sculpteurs de tous les temps, Rodin est né à Paris en 1840 et est mort en 1917. Léonard de Vinci est un artiste italien dont l'œuvre la plus célèbre est sans doute le tableau *La Joconde*. Raphaël est un peintre de la Renaissance italienne, tout comme Michel-Ange, qui est en plus un sculpteur, un architecte et un poète.

13 b) Samuel de Champlain

Samuel de Champlain a fondé la ville de Québec en 1608. Jacques Cartier a découvert le Canada en 1534 et Christophe Colomb, l'Amérique, en 1492. Samuel de Champlain et Jacques Cartier étaient des explorateurs français alors que Christophe Colomb était italien et travaillait comme navigateur pour le compte de l'Espagne.

Les sciences

14 b) le chimpanzé

L'être humain a un ancêtre commun avec le chimpanzé. Le chimpanzé est une espèce de singe vivant en Afrique et plusieurs études rattachent sa généalogie à celle de l'être humain en leur donnant, à la base, un même ancêtre.

15 a) le guépard

L'animal terrestre le plus rapide du monde est le guépard. Il peut atteindre une vitesse de 100 kilomètres à l'heure. L'autruche et le kangourou sont eux aussi très rapides, mais ils ne peuvent rivaliser avec le guépard. Quant au colibri, ses ailes minuscules battent à une vitesse phénoménale, mais ce n'est pas un animal terrestre.

16 b) le bambou

La plante dont se nourrit presque exclusivement le panda est le bambou. En effet, le milieu naturel du panda est très propice au développement des pousses de bambou. Dans son pays natal, la Chine, le panda se nourrit parfois de petits fruits ou d'autres sortes de plantes, mais son moyen de subsistance principal reste les pousses de bambou, ce qui en fait un animal menacé, car les coupes pratiquées dans les forêts éliminent d'importantes réserves de sa nourriture favorite.

17 c) Albert Einstein

L'auteur de la théorie de la relativité est le physicien du XXe siècle Albert Einstein. Cette théorie est à la base de presque tout ce qui concerne la science moderne, car elle corrige de nombreuses erreurs commises aux époques antérieures. Isaac Newton est un autre physicien ayant marqué l'histoire des sciences, mais venu beaucoup plus tôt qu'Einstein, au XVIIe siècle. Archimède est un savant de la Grèce antique (il a notamment inventé les systèmes de levier) et René Descartes est un scientifique et un philosophe de la Renaissance, à qui l'on doit l'invention du plan cartésien.

18 b) Mercure, Vénus, la Terre, Mars, Jupiter, Saturne, Uranus, Neptune, Pluton

Voici un truc pour le retenir : avoir en tête la phrase « Mon Vieux Tu M'as Jeté Sur Une Nouvelle Planète ». La première lettre de chaque mot est aussi celle d'une planète. Il est à noter que toutes les planètes du système solaire, à l'exception de la Terre, portent le nom d'un dieu romain.

19 a) le faon

On appelle le petit de la biche un faon. Lorsque le faon mâle devient adulte, il prend le nom de cerf. Bambi est le prénom d'un jeune faon dans un célèbre dessin animé de Walt Disney.

20 a) Apollo 11

Le nom de la première mission américaine à s'être rendue sur la Lune est Apollo 11. Les États-Unis et la Russie se livraient tous deux à une course à l'espace et, si les Russes avaient réussi à pénétrer dans l'espace avant les Américains, ce sont ces derniers qui gagnèrent définitivement la compétition en 1969, lorsque l'astronaute Neil Armstrong posa le pied sur le sol lunaire en prononçant cette phrase maintenant célèbre : « C'est un petit pas pour l'homme, mais un grand pas pour l'humanité. »

21 d) le chocolat chaud

Le chocolat chaud ne contient pas de caféine. Le café et le cola contiennent tous deux, à des degrés différents, une quantité considérable de caféine, de même que la caféine est présente dans le thé sous forme de théine.

22 c) l'amanite tue-mouche

Parmi ces trois espèces de champignons, seule l'amanite tue-mouche est vénéneuse. On la retrouve un peu partout dans l'hémisphère nord et elle est assez facile à repérer avec son chapeau rouge à tache blanche. Elle est dangereuse, mais néanmoins pas mortelle, contrairement à sa cousine, l'amanite phalloïde. Le bolet et la chanterelle sont deux champignons communs excellents dans des salades et des soupes.

23 a) la planète rouge

La planète Mars est surnommée la planète rouge, car l'oxyde de fer présent à sa surface lui donne un aspect rouillé et rougeâtre. La planète Terre, pour sa part, est appelée la planète bleue, à cause de l'eau qui recouvre presque toute sa superficie.

24 b) d'azote

L'atmosphère terrestre est composée à 71 % d'azote. L'azote est un gaz complètement inoffensif (à la différence du gaz carbonique), mais c'est d'oxygène qu'ont besoin les poumons. L'oxygène est présent dans l'atmosphère à 23 %.

25 a) du 23 septembre au 21 décembre

L'automne commence le 23 septembre. C'est à ce moment qu'a lieu l'équinoxe d'automne, c'est-à-dire que la durée du jour est exactement la même que celle de la nuit. L'automne se termine le 21 décembre, avec le solstice d'hiver, c'est-à-dire le jour où le Soleil éclaire le moins longtemps la Terre.

26 c) le calcium

L'élément contenu dans le lait et qui est essentiel à la croissance des os est le calcium. Le calcium permet aux os de pousser plus rapidement et accentue leur solidité.

La géographie

27 b) Vienne

La capitale de l'Autriche est Vienne. L'Autriche est un pays d'Europe centrale à l'est de l'Allemagne et au nord de l'Italie. On y parle l'allemand. Copenhague est la capitale du Danemark, Oslo, celle de la Norvège et Stockholm, celle de la Suède. Ces trois pays font partie de la Scandinavie, une région située au nord de l'Europe.

28 b) le chinois

La langue parlée à Taiwan est le chinois. Taiwan est une petite île au sud de la Chine, séparée d'elle par le détroit de Taiwan, et qui a longtemps été contrôlée par ce voisin plus puissant.

29 d) la livre sterling

La monnaie de l'Angleterre est la livre sterling. L'Angleterre a refusé de faire monnaie commune avec les pays de l'Union européenne, qui ont choisi l'euro, et a gardé sa propre devise. Le franc est l'ancienne monnaie de la France.

30 c) le Nunavut, le Yukon et les Territoires du Nord-Ouest

Les trois territoires du Canada sont le Nunavut, le Yukon et les Territoires du Nord-Ouest. Ils sont situés au nord du pays et la plupart de leurs occupants sont des autochtones, tels les Inuits.

31 b) la Suisse

Le pays européen ayant une réputation de neutralité est la Suisse. La Suisse s'est en effet tenue à l'écart de tous les conflits qui ont éclaté en Europe et dans le monde entier au XXe siècle.

32 a) la mer Morte

La mer où l'eau est la plus salée est la mer Morte. La concentration de sel y est de plus de 30 %. L'eau de la mer Morte est si salée qu'elle n'est presque pas sujette au courant. C'est d'ailleurs pour cette raison qu'on lui a donné ce nom. La mer Morte est située au Moyen-Orient, entre Israël et la Jordanie.

33 c) un climat tempéré humide

Le Québec se trouve dans un climat tempéré humide. Un climat tempéré humide se caractérise par la présence de quatre saisons distinctes et par des précipitations plutôt abondantes. Il existe plusieurs types de climat au Canada. Les provinces maritimes de l'est et la Colombie-Britannique ont un climat de type maritime et les provinces du centre du pays, comme le Manitoba, la Saskatchewan et l'Alberta, ont un climat de type tempéré sec.

34 c) le Nil

Le fleuve le plus long du monde est le Nil. Le Nil est situé en Égypte, au nord de l'Afrique, et mesure 6 700 kilomètres. La Seine est un fleuve de France long de 776 kilomètres, le Saint-Laurent coule en Amérique du Nord (il passe entre autres par les villes de Montréal et de Québec) et fait 1 140 kilomètres, et l'Euphrate est un fleuve d'Asie et du Moyen-Orient mesurant 2 780 kilomètres.

35 b) Tokyo

La ville regroupant le plus d'habitants est Tokyo, la capitale du Japon. Elle possède 35 millions d'habitants, ce qui est environ autant que toute la population du Canada. Mexico, capitale du Mexique, est la deuxième ville la plus peuplée du monde, avec 18,7 millions d'habitants. New York, aux États-Unis, se place en troisième position grâce à ses 18,3 millions d'habitants et Bombay, en Inde, compte 17,4 millions d'habitants, mais elle pourrait bientôt supplanter les autres villes à cause de sa croissance accélérée.

36 a) Yorkshire

Le Yorkshire n'est pas un État américain, mais un comté du nord-est de l'Angleterre. Le Kansas et le Nebraska se trouvent tous deux dans le centre des États-Unis, le premier au sud du second, alors que l'Alaska est au nord du Canada, mais appartient quand même aux États-Unis.

37 Faux

L'Arctique n'est pas un continent inhabité. En premier lieu, cette région au nord de la Terre n'est pas un continent, mais l'ensemble regroupant à la fois l'océan Arctique (au cœur duquel se situe le pôle nord), plusieurs îles et l'extrémité nordique des continents (celles se trouvant dans le cercle polaire). En second lieu, notons que l'Arctique est habité par plusieurs peuples, entre autres par les Inuits d'Amérique du Nord et les occupants de la Sibérie. Il ne faut pas confondre l'Arctique avec l'Antarctique, un continent à l'extrême sud de la Terre recouvert de glace et exclusivement habité par les pingouins et quelques chercheurs de passage.

38 c) le nord

L'étoile Polaire est une étoile visible uniquement dans l'hémisphère nord.
Elle permet au voyageur de s'orienter la nuit, car tout comme une boussole, elle indique le nord.

La littérature

39 d) « n'a pas d'oreilles. »

Le proverbe « ventre affamé n'a pas d'oreilles » signifie qu'il est impossible de se faire écouter de quelqu'un qui a faim.

40 b) un alexandrin

Dans un poème, un vers de douze pieds, c'est-à-dire une ligne comportant douze syllabes, est appelé un alexandrin. Un quatrain est un regroupement de quatre vers. Un sonnet est un type de poème. Un décasyllabe est un vers de 10 pieds.

41 b) William Shakespeare

Poète et dramaturge anglais, William Shakespeare, né en 1564 et mort en 1616, a écrit une vingtaine de pièces de théâtre, dont *Hamlet*, d'où est tirée la phrase « Être ou ne pas être, telle est la question ».

42 c) Jules Verne

Jules Verne est un écrivain français né en 1828 et mort en 1905. Il est l'inventeur des romans de type science-fiction, c'est-à-dire des romans anticipant l'avenir. Chrystine Brouillet est une romancière québécoise auteure de nombreux romans pour la jeunesse et Michel Tremblay est un écrivain et un dramaturge dont la ville natale est Montréal.

43 a) une personne qui n'est pas dotée de pouvoirs magiques

Dans le roman *Harry Potter à l'école des sorciers*, de J. K. Rowling, il existe deux types d'humains : ceux qui sont capables de faire de la magie, les sorciers, et ceux qui en sont incapables, les moldus.

44 b) Hergé

Le créateur de la bande dessinée *Les aventures de Tintin* est le Belge Georges Rémi (1907-1983), dit Hergé. Goscinny est, avec l'illustrateur Uderzo, le créateur d'Astérix. Peyo est le créateur des Schtroumpfs.
Molière est un dramaturge français du XVIIe siècle, qui a écrit, entre autres, *l'Avare* et *Le Malade imaginaire*.

45 c) Joe

Dans la bande dessinée *Lucky Luke*, du créateur belge Morris (1923-2003), le plus vieux de la bande des quatre frères malfaiteurs est Joe Dalton. C'est aussi le plus petit et le plus machiavélique de tous.

46 d) écrire avec les mêmes règles que celles du langage ordinaire

47 b) la Bible

La Bible est le recueil des livres de l'Ancien et du Nouveau Testaments, elle regroupe donc les livres saints des traditions juive et chrétienne. Rédigée sur une période de plusieurs siècles, elle a d'abord été écrite en hébreu et en araméen, les langues du peuple juif, puis en grec ancien, la langue internationale de l'époque antique. Elle est maintenant traduite dans presque toutes les langues et vendue dans le monde entier.

48 a) On doit travailler pour obtenir ce que l'on désire.

La fable *La Cigale et la Fourmi*, de Jean de La Fontaine, met en scène une cigale un peu frivole qui, n'ayant pas amassé de provisions pendant l'été, se retrouve sans nourriture l'hiver venu. La fourmi, elle, a travaillé tout l'été à se préparer pour l'hiver. Elle refuse de prêter de la nourriture à la cigale en lui faisant clairement comprendre qu'elle n'avait qu'à travailler avant.

49 c) un écrivain de pièces de théâtre

Le sport

50 a) les cinq continents

Les cinq anneaux olympiques ont chacun une couleur différente : rouge, bleu, vert, jaune et noir. Ils représentent les continents entrelacés, dans une position de partage et d'égalité : l'Amérique, l'Europe, l'Océanie, l'Asie et l'Afrique.

51 b) la course à pied, la natation, la bicyclette

52 c) le circuit Gilles-Villeneuve

Lors du Grand Prix de Montréal, la piste utilisée par les voitures de formule 1 est le circuit Gilles-Villeneuve, du nom d'un grand coureur automobile québécois qui s'est tué dans un accident de voiture. Son fils, Jacques Villeneuve, a suivi ses traces.

53 d) le dauphin

Les quatre nages internationales sont le papillon, le crawl, la brasse et le dos crawlé. Le dauphin n'est pas vraiment un style en natation, mais on peut le comparer à la nage papillon sans l'utilisation des bras.

54 b) à Montréal

Les Jeux olympiques d'été de 1976 ont été les seuls se déroulant au Québec. Lors de ces jeux, le Canada a fait très mauvaise figure en ne remportant aucune médaille d'or. C'est le seul pays hôte des Jeux olympiques à avoir jamais essuyé un tel échec.

55 d) le scrabble

Le scrabble est un jeu de société. Le bridge est un jeu de cartes pouvant être considéré comme un sport, le tir à la carabine est une discipline olympique et la pêche est un sport de nature, au même titre que la chasse.

56 b) faux

Les Jeux paralympiques, destinés aux personnes ayant des handicaps physiques, se déroulent quelques semaines après les Jeux olympiques.

57 a) Junior majeur

Les niveaux au hockey se font selon l'âge des joueurs. Il y a d'abord les pré-novices, les novices, les atomes, puis viennent les pee-wee, les bantam et les midget, et enfin, les juniors. Les joueurs sont répartis selon leur talent dans des catégories allant de la lettre C, la moins bonne, à la lettre A, la meilleure. À partir du niveau atome s'ajoutent les sections des doubles et des triples lettres. Seuls les joueurs les plus prometteurs peuvent accéder au junior majeur.

58 d) sur un monticule

Le lanceur est situé sur une petite bosse à quelques pas du frappeur.

59 c) le maillot jaune

Le Tour de France est divisé en plusieurs étapes. Le cycliste qui gagne une étape revêt le maillot jaune. À la fin, celui qui a gagné le plus d'étapes devient le champion du Tour de France.

60 a) le Paris-Dakar

Le Paris-Dakar est un rallye à moto et en voiture dans lequel les participants doivent, entre autres épreuves, traverser le désert du Sahara, en Afrique du Nord. Le départ du rallye est donné en France. L'arrivée est au Sénégal.

Les religions et les mythologies

61 b) Zeus

La mythologie de la Grèce antique comporte une multitude de dieux, qui siègent tous au mont Olympe, près de la ville d'Athènes, et qui ont chacun une fonction différente. Le maître des dieux est Zeus : il règne au sommet du mont Olympe et coordonne l'humeur du ciel.

Apollon est le dieu de la beauté et des arts. Mars et Jupiter sont des dieux romains. Mars est le dieu de la guerre. Jupiter est le maître des dieux.

62 c) Mahomet

Le prophète Mahomet est le fondateur de l'islam, la religion des musulmans. Selon la croyance, il reçoit la visite de l'ange Gabriel qui lui transmet un message de Dieu lui demandant de rédiger Sa loi. Mahomet obéit au commandement divin et écrit le Coran sous l'inspiration de Dieu.

Le prophète Isaïe et les patriarches Abraham et Isaac appartiennent aux traditions juive et chrétienne. C'est dans la Bible qu'on raconte leur histoire.

63 a) le peuple élu

Selon l'Ancien Testament, le peuple juif a été choisi par Dieu, ou Yahvé, pour former une alliance avec lui, une communion. Le peuple juif se dit élu par Yahvé, uni à Lui par une alliance éternelle.

64 c) Matthieu

Matthieu est le premier à raconter la vie de Jésus dans le Nouveau Testament. Trois autres évangélistes, Marc, Luc et Jean, ont rapporté les paroles et l'enseignement de celui que les chrétiens considèrent comme le fils de Dieu.

65 c) le bouddhisme

Le dalaï-lama est considéré comme la réincarnation de l'âme de Bouddha, le créateur de la religion bouddhiste. Pour cette raison, il est le chef suprême des bouddhistes.

L'islam est la religion des musulmans. L'athéisme est le fait de ne pas croire en Dieu.

66 a) Bethléem

D'après les Évangiles, Jésus-Christ aurait vu le jour dans une étable d'une ville de Judée, Bethléem.

67 b) le judaïsme, le christianisme et l'islam

Les religions monothéistes sont celles qui croient en l'existence d'un seul dieu, contrairement à celles qui croient en plusieurs dieux, comme l'hindouisme, par exemple. Les trois principales religions monothéistes sont, dans l'ordre de leur création, le judaïsme, le christianisme et l'islam.

68 c) l'hindouisme

Les fakirs sont des moines dans la religion officielle de l'Inde, l'hindouisme.

69 b) celui de tombeaux pour les pharaons

Les pyramides étaient construites pour le pharaon afin que celui-ci puisse accéder à la vie éternelle dans l'Au-delà. Son corps était entreposé dans une pièce servant de sanctuaire.

70 a) un demi-dieu

Hercule est le fruit de l'union de Zeus avec une simple mortelle. Sa condition de demi-dieu lui confère une force exceptionnelle et lui permet d'accomplir, entre autres exploits, douze travaux, ce qui lui assurera une place au mont Olympe, auprès de son père.

La musique

71 d) le tuba

Le tuba est un instrument à vent de la famille des cuivres, au même titre que la trompette et le trombone.

72 b) Gilles Vigneault

Né en 1928 à Natashquan, au nord du Québec, Gilles Vigneault est un chansonnier, un poète, un compositeur et un conteur. Au cours de sa longue et prolifique carrière, il a écrit plusieurs chansons célébrant le Québec et ses habitants.

Félix Leclerc, chansonnier, poète et compositeur québécois, a écrit, entre autres, la chanson « *Moi, mes souliers…* ». Jean Leloup, auteur compositeur, est connu depuis les années 1980. Luc Plamondon est l'auteur de l'opéra-rock *Starmania*.

73 a) le *gospel*

Les chants grégoriens sont des chants religieux catholiques, qui datent du VIe siècle. Le jazz est un type de musique créé au début du XXe siècle par les communautés noires et créoles du sud des États-Unis. Le disco est un style de musique à la mode dans les années 1970, et spécialement conçu pour la danse.

74 b) Beethoven

Beethoven est un compositeur allemand né en 1770 et mort en 1827. Il se fait le précurseur de la musique romantique en composant des sonates, des concertos et neuf symphonies. La 9e symphonie est sans doute son œuvre la plus connue.

75 b) l'oreille absolue

Une personne dotée de l'oreille absolue est capable de percevoir la note contenue dans un son sans se servir d'un diapason ou d'un quelconque autre instrument.

76 b) le *la*

Le diapason est un outil de référence permettant d'accorder des voix ou des instruments de musique. Il donne la note *la*.

77 c) le trombone

Une harmonie est un ensemble musical comportant des instruments de la famille des bois, des cuivres et des percussions. Le trombone est de l'ordre des cuivres et pourrait donc être présent dans une harmonie, mais pas le violon ni l'harmonica.

78 a) *Les Quatre Saisons*

Vivaldi est un compositeur et un violoniste italien (1678-1741). Il compose quelques opéras et sonates, mais surtout des concertos, comme *Il Cimento dell'armonia*, dont sont tirées *Les Quatre Saisons*.

79 d) C'est une mélodie chantée à plusieurs voix, ces dernières commençant à des temps différents.

80 a) les cordes vocales

81 c) Elvis Presley

On considère que le « père » du *rock and roll* est Elvis Presley, chanteur et acteur américain (1935 –1977).

Éric Lapointe est un chanteur québécois qui a remporté un grand succès auprès des amateurs de rock depuis le milieu des années 1990.

Les Beatles et les Rolling Stones sont deux groupes britanniques qui, depuis les années 1960, ont eu une grande influence sur la musique populaire dans le monde entier.

La citoyenneté

82 b) 18 ans

Au Canada, un citoyen atteint la majorité à l'âge de 18 ans, c'est-à-dire qu'il devient officiellement adulte. Il obtient donc des droits et des responsabilités qu'il n'avait pas avant, comme le droit de vote, le droit de représenter un parti politique, etc.

83 b) la Cour suprême

Le rôle de la Cour suprême est de juger les causes les plus graves ou celles n'ayant pas été réglées devant un tribunal plus petit.

84 a) l'opposition

Même si le parti de l'opposition n'est pas à la tête du pays, il occupe un rôle plutôt important dans la prise de décision du gouvernement, car il surveille de près le parti vainqueur des élections et dénonce ses moindres erreurs.

85 b) C'est une association de travailleurs défendant leurs intérêts.

Au début du XXe siècle, afin de se protéger des abus de leurs employeurs, des ouvriers décidèrent d'unir leurs forces pour ne pas se laisser exploiter. On appellera plus tard ces unions des syndicats. Au Québec, il existe des regroupements de plusieurs syndicats, comme la CSN, la FTQ et la CSQ, qui exercent beaucoup de pouvoir.

86 c) un député

Au Québec, le territoire politique est divisé en circonscriptions. Lors des élections, dans chacune des circonscriptions, tous les partis concurrents sont représentés par un candidat. Le candidat qui remporte le plus de voix dans une circonscription gagne un siège à l'Assemblée nationale, il devient député. Le parti qui possède le plus de députés à l'Assemblée nationale gagne les élections.

87 c) la Grande-Bretagne

En Grande-Bretagne, le chef du gouvernement est le premier ministre. Le chef symbolique du pays est la reine. On appelle ce système politique une monarchie constitutionnelle. Le Canada a été une colonie de la Grande-Bretagne jusqu'à la fin de la Première Guerre mondiale, son système politique est donc le même que celui de la Grande-Bretagne.

88 d) Cuba

Le G8 est l'association des huit pays les plus puissants de la planète sur le plan économique. En font partie les États-Unis, le Canada, la Grande-Bretagne, la France, l'Italie, l'Allemagne, la Russie et le Japon.

89 c) Organisation des Nations Unies

L'Organisation des Nations Unies a été créée juste après la Seconde Guerre mondiale, en 1945.
Son siège social (son quartier général) se trouve à New York. Le but poursuivi par l'ONU est l'obtention de la paix et de la sécurité internationales, autrement dit l'harmonie entre les pays.

90 a) à recevoir des soins de santé gratuits

Le système de santé du Canada permet aux citoyens de ne pas payer pour être soignés. En effet, les Canadiens payent des impôts sur leur revenu, et ces impôts sont versés en partie en salaire aux médecins. La carte d'assurance-maladie constitue la preuve qu'une personne a le droit d'accéder à des services de santé gratuits (elle est citoyenne).

91 b) une bouteille de vin

On doit déclarer l'achat d'alcool à la douane et payer des droits d'entrée sur ce produit, des taxes.

92 c) le Canada, les États-Unis et le Mexique

L'ALENA est une association entre ces trois pays d'Amérique du Nord créée afin de faciliter leurs échanges commerciaux. Le contrat qui les lie abolit les taxes d'importation et assouplit les dispositifs de sécurité aux frontières.

L'informatique

93 a) arobas

Ce signe est utilisé pour séparer des éléments dans les adresses de courrier électronique. Il peut également s'écrire arrobas, arrobase ou arobase.

94 c) Photoshop

Photoshop a été créé par Adobe. C'est un logiciel qui permet, notamment, de créer ou de retoucher des images.

95 c) l'octet

Les octets sont utilisés en informatique comme mesure de l'espace dans un ordinateur.

Le nœud est une unité de vitesse utilisée en marine, qui correspond à 1,6 km à l'heure. Le pied est une unité de mesure de longueur qui correspond à environ 30 cm. Un carat est une partie d'or pur contenue dans une certaine quantité d'or. L'or le plus pur est de 24 carats.